东华理工大学放射性地质实验教学中心实践教学系列教材

基础地质学实习教程

张树明　编著

中国原子能出版社

图书在版编目(CIP)数据

基础地质学实习教程 / 张树明编著. —北京:中国原子能出版社,2011.9(2025.2 重印)
ISBN 978-7-5022-5321-9

Ⅰ.①基… Ⅱ.①张… Ⅲ.①地质学—实习—高等学校—教材 Ⅳ.①P5-45

中国版本图书馆 CIP 数据核字(2011)第 177839 号

内容简介

本书是《普通地质学》、《地质学基础》等基础地质学类课程的配套实习教程,共安排了 14 次室内实习和 3 次课间野外实习(野外地质现象考察),内容包括常见矿物、岩石和化石的认识与鉴定、地质罗盘仪的使用、基础地质图件的判读与制作等。附录包括鹰潭龙虎山、临川温泉和南昌梅岭地区的课间野外地质认识实习教学内容,以及常见地层代号和色码、常见构造符号和常见岩石花纹图例等基础资料。

本书可作为高等院校地质学、地质勘查类专业学生的基础地质学类课程配套实习教学用书,也可供相关专业人员参考。

基础地质学实习教程

出版发行 中国原子能出版社(北京市海淀区阜成路 43 号 100048)
责任编辑 谭 俊
技术编辑 冯莲凤
责任印制 赵 明
印 刷 中煤(北京)印务有限公司
经 销 全国新华书店
开 本 787 mm×1092 mm 1/16
印 张 5.375 **字 数** 150 千字
版 次 2011 年 9 月第 1 版 2025 年 2 月第 10 次印刷
书 号 ISBN 978-7-5022-5321-9 **定 价** 15.00 元

网址:http://www.aep.com.cn **E-mail:atomep123@126.com**
发行电话:010-88828678

总　　序

东华理工大学放射性地质实验教学中心是在东华理工大学前身太谷地质学校铀矿地质实验室的基础上发展而来。20世纪50年代中叶，为了响应党中央、国务院作出的发展原子能事业的伟大决策和“打破帝国主义核垄断”的号召，国家第二机械工业部于1956年6月创立了太谷地质学校，专门培养铀矿勘查技术人员。1959年学校迁至邻近某特大型铀矿区的江西省抚州市，校名改为抚州地质专科学校（本科），1978年改为抚州地质学院，1982年更名为华东地质学院，2002年更名为东华理工学院，2007年更名为东华理工大学。为全世界唯一的专门从事核燃料循环工程和放射性地学人才培养工作的高等学校，被联合国国际原子能机构（IAEA）指定为铀矿地质和同位素水文学高级培训中心。

放射性地质实验教学中心包括基础地质实验室、铀矿地质实验室、地质信息处理实验室、地球化学实验室、放射性地球物理勘探实验室、放射性水文地质与工程地质实验室等六个功能实验室，并建有杭州基础地质认识、江山区域地质调查、相山铀矿地质三个野外实习基地和地质博物馆，鹰潭龙虎山、抚州温泉、南昌梅岭、庐山等多个课间野外地质认识实习基地，以及鄂尔多斯、江西信江等多个产、学、研野外实习基地。2009年1月20日，该中心被教育部、财政部批准为2008年度国家级实验教学示范中心建设单位（教高函〔2009〕5号）。

为切实落实国家实验教学示范中心的建设目标，加强实验教学中心的内涵建设，中心做到以培养学生实践能力、创新能力和提高教学质量为宗旨，以实验教学改革为核心，以实验资源开放共享为基础，以高素质实验教学队伍和完备的实验条件为保障，创新管理机制，全面提高实验教学水平和实验室使用效益。建设过程中取得了一系列显著的实践教学效果，如在首届全国大学生地质技能大赛上，我校学子获得了包括地质技能综合应用一等奖（第1名）等多项佳绩，赢得了与会专家、兄弟院校的高度评价。

本系列实验、实习教材的出版是我校放射性地质实验教学中心进一步加强学生实践能力和创新精神培养、改进实验教学体系、内容和方法，凝练优秀教学成果，促进优质资源整合、共享的重要举措之一。系列实验、实习教材内容凝聚了我校相关专业教师多年的教学成果积累，是在原有自编特色、优势实践教学类讲义基础上重新编写或修订完成的。该系列教材适合资源勘查工程、地球化学、勘查技术与工程、地球物理学、水文与水资源工程、土木工程等本专科专业相关课程的室内实践教学实习和课间野外实践教学实习使用，同时也可供相关专业人员参考。

本系列教材的出版得到了东华理工大学领导，地球科学学院、核工程技术学院、水资源与环境工程学院、建筑工程学院以及教务处等单位领导和老师的大力支持。

最后，衷心感谢参加这套教材编写的全体教师，正是由于他们的辛勤劳动，编写工作才得以顺利完成。同时真诚感谢中国原子能出版传媒有限公司的领导和有关同志，正是由于他们的最大支持和认真督促，这套教材才能够如期与读者见面。

东华理工大学副校长

放射性地质实验教学中心主任

2011.6.30

前　言

本教程适用于资源勘查工程、地球化学、勘查技术与工程、水文与水资源工程、土木工程等地学类本科专业《普通地质学》、《地质学基础》等基础地质学类课程的室内实践教学实习和课间野外实践教学实习，也适用于区域地质调查与矿产普查、地球物理勘查技术等地学类高职专业基础地质学类课程的室内实践教学实习和课间野外实践教学实习，同时也可供其他非地学类专业有关地质学类课程实习参考。

《普通地质学》和《地质学基础》等基础地质学类课程是地学类专业学生必修的专业基础课。通过课程的学习，可以使学生掌握地质学基础知识，理解地质学研究的基本原理和方法，学会常见地质现象的观察、描述与分析，培养学生地质思维能力和时空概念，启发学生领会地质科学的精神，为学习后续专业基础课程、专业课程打下基础。本教程主要教学内容包括矿物、岩石、古生物化石和构造地质等方面的实践教学内容，同时还附有抚州温泉地区、鹰潭龙虎山地区和南昌梅岭地区野外实习教学内容，供课间野外实践教学使用。使用者可根据各自不同专业的教学要求和学时安排灵活选用。

该教材是在张树明等编写、郭福生教授主审的东华理工大学内部教材《地质学基础类课程教学实习指导书》(2007、2009)基础上修改完成，参考了郭福生等编写的东华理工大学内部教材《普通地质学实习讲义》(2003)和《抚州和龙虎山地区旅游地学实习指导书》(2003)等部分内容。编写过程中，东华理工大学地球科学学院地质系全体教师参与了讨论并提出了许多宝贵意见和建议，硕士研究生安伟涛、刘金枝、饶泽煌、晏爱华等对教材插图进行了清绘。教材的出版得到东华理工大学放射性地质实验教学中心(国家级实验教学示范中心)和东华理工大学地球科学学院国家级特色专业、国家管理专业、国防重点建设专业以及江西省高校品牌专业等的鼎力支持。

尽管付出了最大努力，但是由于编者水平有限，不足甚或错误之处在所难免，恳望批评指正。

张树明

2011 年 5 月

目　　录

目 录

实习一　矿物的形态和物理性质

一、目的要求

1. 熟悉常见矿物的各种形态特征和描述方法；
2. 学会肉眼观察、描述矿物的光学性质、力学性质和其他性质；
3. 了解矿物形态和物理性质在矿物鉴定上的意义。

二、实习工具

条痕板，小刀，放大镜，稀盐酸。

三、矿物常规鉴定方法

1. 看
矿物的外形(形态)、颜色、光泽和化学反应等。
2. 刻
矿物的硬度和条痕。
3. 掂
矿物的相对密度。
4. 敲
矿物的断口和新鲜色(**注意**:实验室矿物标本数量有限，禁止敲击!)。

四、实习内容

(一) 矿物的形态

1. 单体形态

矿物单体在一定外界条件下，总是趋向于形成特定的晶体和形态特征，称为结晶习性(简称晶习)。如石英晶体呈柱状、云母呈片状、黄铁矿呈立方体、石榴子石呈四角三八面体等。根据单个矿物晶体三度空间相对发育的比例不同，可将晶体形态特征分为一向延长、二向延长和三向等长三种。

(1) 一向延长晶体:针状(如电气石)、柱状(如角闪石、辉石)，纤维状(如石棉)；

(2) 二向延长晶体:片状(如黑云母、白云母、石墨)、板状(如重晶石、钾长石)等；

(3) 三向等长晶体:石榴子石(粒状)、黄铁矿(立方体)、磁铁矿(八面体)、方解石(菱面体)、橄榄石(粒状)等。

2. 集合体形态

自然界呈完好单晶产出的矿物较少，多数是多个单晶成群产出，即呈集合体状态产出。这里所说的矿物集合体是指同种矿物的多个单晶聚集在一起的整体。集合体可根据矿物结晶程度大小分为两类。

(1) 晶质矿物集合体的形态

① 显晶质集合体形态

用肉眼或放大镜可辨认出矿物颗粒界线的集合体。显晶质集合体形态取决于矿物单体形态和它们的集合方式。如柱状、针状集合体是柱状或针状单体的不规则聚合体;纤维状集合体是针状单体大致平行密集排列而成,放射状集合体是柱状或针状单体以一点为中心向外放射状排列而成;粒状集合体是三向等长的单体呈不规则聚合体;簇状集合体是由一组具有共同基底,且其中发育最好的晶体与基底近于垂直的单晶体群所组成。

柱状集合体——普通角闪石、电气石、红柱石;纤维状集合体——石膏、石棉;片状集合体——云母、镜铁矿;粒状集合体——橄榄石、石榴子石;晶簇——石英、方解石。

② 隐晶质集合体形态

隐晶质集合体是用放大镜也看不清单体界线的集合体。按其紧密程度可分为致密块状和疏松土状集合体。

(2) 非晶质矿物的形态

非晶质矿物没有一定的晶形,其颗粒在显微镜下也难以辨认,主要是根据外表形态或形成方式来分类,常见的有:

分泌体:在岩石中形状不规则或球状的空洞,被胶体等物质由洞壁向中心逐层沉淀填充而成,其平均直径大于 1 cm 者,叫晶腺,小于 1 cm 者叫杏仁体。如玛瑙是 SiO_2 胶体物质在晶腺中周期性扩散所造成的环带。

结核体:是围绕某一核心(砂粒、碎片等)自内向外逐渐生长而成的球状体,内部常为同心状构造,多为胶状成因。直径小于 2 mm 的球状结核体大小如鱼卵者称为鲕状体;直径大如豌豆(2～5 mm)者称为豆状体,如鲕状豆状赤铁矿、鲕状石灰岩等。

钟乳状集合体:是由同一基底逐层向外生长而成,呈圆锥形或圆柱形等形态的矿物集合体。通常由胶体凝聚或溶液蒸发逐渐沉积而成,如石灰岩溶洞中的钟乳石和石笋(均为方解石)等。

另外还有葡萄状集合体(外形犹如成串的葡萄),如硬锰矿;肾状集合体(外形为半椭球体)。

当非晶质矿物的集合体无一定外形且较致密时称为块状集合体,呈松散粉末状时称为粉末状集合体,如高岭石。

(二) 矿物的光学性质

矿物的光学性质是指自然光作用于矿物表面之后发生折射和吸收等一系列光学效应所表现出来的各种性质,包括矿物的颜色、条痕、光泽及透明度等。

1. 颜色

矿物的颜色是矿物对不同波长的自然光吸收后所呈现的颜色。按矿物颜色产生的原因,可分为自色、他色、假色,具有鉴定意义的主要为自色。

(1) 自色:是指矿物自身固有的颜色,它与矿物的化学成分和结晶结构有关。自色比较固定,对鉴定矿物有重要意义,如方铅矿的铅灰色。

(2) 他色:矿物因含外来带色杂质或气泡等引起的颜色叫他色,如石英,纯净石英为无色,杂质的混入可使石英染成紫色、玫瑰色、烟灰色等。

(3) 假色:为矿物表面氧化等原因产生的颜色叫假色,如方解石、云母等矿物,在解理面上所见的彩虹的晕色，斑铜矿表面的锖色(蓝紫色斑状)。

通常描述颜色的方法有两种：

① 标准色谱法　此种方法是按红、橙、黄、绿、青、蓝、紫标准色谱及白、灰、黑等色对矿物的颜色进行描述。

若矿物为标准色谱中的某一种，则直接用其描述，如蓝铜矿为蓝色、辰砂为红色；若矿物颜色与标准色谱有差异时，可加上适当的形容词，如淡绿、暗红、灰白色等；若矿物的颜色是介于两种标准色谱之间，则以接近标准色中的某一种颜色为主体，用两种颜色进行描述，并把主体颜色放在后面，例如绿帘石为黄绿色，说明此矿物是以绿色为主，黄色为次。

② 实物对比法　把矿物的颜色与常见实物颜色相比进行描述。例如，块状石英呈乳白色，正长石为肉红色，黄铜矿为铜黄色等。

注意要点：描述矿物颜色时，应以新鲜干燥矿物为准，如果矿物表面遭受风化而颜色发生了变化时，则需刮去风化表面后再进行观察描述。

2. 条痕

条痕是指矿物粉末的颜色，一般是指矿物在白色无釉瓷板上擦划所留下的痕迹的颜色(只有硬度小于瓷板者才有条痕色)。

条痕色可以与矿物颜色一致，也可不一致。由于条痕色消除了假色的干扰，减弱了他色的影响，突出了自色，因而它比矿物颜色更稳定，更具有鉴定意义。例如块状赤铁矿，其颜色可以是铁黑色，也可以是红褐色，但条痕都是樱红色。

观察条痕时要注意：① 要在干净、白色无釉的瓷板上进行，试条痕时不要用力过猛，只要留下条痕即可，用力要均匀；② 硬度大于瓷板的矿物一般不留下条痕，需碾成细粉末观察；③ 条痕色的描述方法与颜色相似；④ 条痕色对不透明的金属、半金属光泽矿物的鉴定很重要，但对浅色(透明、玻璃光泽)矿物意义不大，因为它们的条痕都是白色或近于白色。

3. 光泽

矿物表面反射光波的能力称为矿物的光泽，按反射光的强弱可分为四级：

(1) 金属光泽：矿物反射光能力强似金属表面(或犹如电镀的金属表面)那样光亮耀眼，如自然金、方铅矿、黄铁矿等。

(2) 半金属光泽：矿物反射光能力较弱，似未经磨光的铁器表面，如磁铁矿。

(3) 金刚光泽：矿物反射光能力弱，比金属和半金属光泽弱，但强于玻璃光泽，如金刚石、锡石等。

(4) 玻璃光泽：矿物反射光能力很弱，如玻璃表面的光泽，如石英(晶体表面上的光泽)、长石等。

金刚光泽和玻璃光泽称为非金属光泽。由于反射光受到矿物颜色、表面平坦程度及矿物集合方式等因素的影响，常出现一些特殊光泽，如下列光泽：

油脂光泽：反射光在透明、半透明矿物不平坦断面上散射成油脂状光亮，如石英断面。

树脂光泽：在不平坦断面上呈现如松香等树脂般的光泽，如浅色闪锌矿。

丝绢光泽：纤维状集合体表面所呈现的丝绸状反光，如纤维石膏。

珍珠光泽：矿物平坦断面上呈现的似贝壳内壁一样柔和多彩的光泽，如白云母。

土状光泽：粉末状或土块状集合体的矿物表面暗淡无光像土块那样的光泽，如高岭石。

注意要点：观察矿物光泽时，一定要在新鲜面上观察，主要观察晶面和解理面上的光泽，要转动标本,注意观察反光。

4. 透明度

矿物透明度是指矿物透过光线的程度,一般是以矿物厚度 0.03 mm 的薄片为准。分为不透明(金属矿物)、半透明(角闪石、辉石等)和透明(石英、云母、英石、橄榄石、方解石等)三级。

注意要点:观察描述矿物光学性质时,一定要注意掌握颜色、条痕、光泽和透明度四者之间的关系(表 1-1)。金属光泽的矿物,其颜色一定为金属色,条痕为黑色或金属色,不透明;半金属光泽的矿物颜色为金属色或彩色,条痕呈深彩色或黑色,不透明至半透明;非金属光泽的矿物颜色为各种彩色或白色,条痕呈浅彩色到白色,半透明至透明。

表 1-1 矿物的光泽、颜色、条痕、透明度相互关系

光泽		颜色	条痕	透明度
金属光泽		金属色或黑色	深色或金属色	不透明
半金属光泽		深色	浅色或彩色为主,有时为深色	半透明
非金属光泽	金刚光泽	浅(彩色)	无色或白色为主,有的为浅色	
	玻璃光泽	无色或白色	无色或白色	透明

(三) 矿物的力学性质

矿物的力学性质是指矿物受外力作用(刻划、敲打等)后所呈现的性质,如硬度、解理和断口等。

1. 硬度

矿物的硬度是指矿物抵抗外来机械作用力(刻划、敲打等)的程度。鉴别矿物的硬度,可以把欲试矿物的硬度与某些标准矿物的硬度进行比较,即互相刻划加以确定。通常用的标准矿物,即摩氏硬度计(表 1-2)就是用这种方法确定的:用十种矿物互相刻划,按硬度相对大小顺序把矿物硬度分为十级,排列在后边的矿物均能刻动前面的矿物。

表 1-2 摩氏硬度计

硬度级别	1	2	3	4	5	6	7	8	9	10
矿物名称	滑石	石膏	方解石	萤石	磷灰石	正长石	石英	黄玉	刚玉	金刚石

野外工作中为了方便,常采用指甲(硬度为 2.5±)、铜钥匙(硬度为 3±)、小刀(硬度为 5.5±)、玻璃(硬度为 6±)、石英(硬度为 7)等作为标准测定相对硬度,将硬度分为三级:① 低硬度——小于 2.5,可用指甲刻动;② 中等硬度——2.5～5.5,可用小刀或钢针刻动,手指甲刻不动;③ 高硬度——大于 5.5,小刀刻不动。

矿物的硬度是鉴定矿物的重要物理参数和特征之一,测试时应注意:① 矿物的硬度是指单个晶体的硬度,而纤维状、细分散土状集合体对矿物硬度有影响,难以测定矿物的真实硬度;② 受风化影响的矿物,其硬度往往偏低。因此,测试硬度时必须选矿物晶体的新鲜面,而且刻划矿物时用力要均匀,用力不宜过猛,以避免试验不准。

2. 解理与断口

矿物晶体或晶粒受外力作用(如敲打)后,沿一定方向出现一系列相互平行且平坦光滑的破裂面的性质称为解理。矿物的这种破裂光滑平面称为解理面。

矿物受外力作用后，在任意方向上呈各种凹凸不平的断面的性质称为断口。

解理和断口互为消长关系，即解理发育者，断口不发育（如云母，方解石）；断口发育者，解理不发育（如橄榄石、石英）。

解理是矿物的重要鉴定特征之一，矿物的解理按其解理面的完好程度和光滑程度不同，通常划分为四级：

① 极完全解理：解理面极完好，平坦且极光滑，矿物晶体可劈成薄片，如云母、辉钼矿。

② 完全解理：矿物晶体容易劈成小的规整的碎块或厚板状，解理面完好，平坦、光滑，如方解石、方铅矿等。

③ 中等解理：破裂面不甚光滑，往往不连续，解理面被断口隔开成阶梯状，如辉石、白钨矿等。

④ 不完全解理：一般难发现解理面，即使偶见到解理面，也是小而粗糙。因此，在破裂面上常见有不平坦断口，如磷灰石、锡石等。

有时把无解理者称为极不完全解理，晶体的破裂面完全为断口，如黄铁矿、石榴石等。断口可描述为贝壳状断口（如石英）、参差状断口（如黄铁矿、磁铁矿等）、土状断口（如高岭土）、锯齿状断口（如石膏）等。

观察解理和断口时应注意：① 解理面是鉴定矿物的一个重要标志，观察解理时，通常先看晶体破裂后是否出现闪光的平面（转动标本时，有否闪光的小平面），就可知有无解理面。然后，再根据解理面的完好和光滑程度以及大小确定解理的等级。② 观察解理时，注意区别晶面和解理面，解理面为受力后产生的破裂平面，一般较新鲜，平坦有较强的反光；而矿物的晶面，有的表现出各种花纹或麻点，通常无明亮的反光，其表面显得黝暗。③ 观察解理组数，矿物中相互平行的一系列解理面称为一组解理。注意观察云母、正长石、方解石、萤石的解理组数。④ 观察解理面间的夹角，两组及两组以上的解理，其相邻两解理面间的夹角亦是鉴定矿物的标志之一。注意观察正长石、辉石、角闪石、萤石的解理夹角。⑤ 肉眼观察矿物的解理只能在显晶质矿物中进行，确定解理组数和解理夹角必须在一个矿物单体上观察。

（四）矿物的其他物理性质

1. 相对密度

矿物的相对密度是指纯净、均匀的单矿物在空气中（一个大气压）的质量与同体积纯水在 4℃时质量之比，以 G 标记。相对密度是鉴定和对比矿物的依据，其精确数值要通过专门测试才能确定。

自然界常见中等密度大小的矿物，只有相对密度大或小（重或轻）的矿物才有鉴定意义。常用手掂估矿物的轻重，将矿物的相对密度分为三级：

重矿物——相对密度＞4，如方铅矿、重晶石等。

中等重矿物——相对密度 2.5～4，如石英、方解石等。

轻矿物——相对密度＜2.5，如石墨、云母、自然硫等。

2. 弹性

矿物的弹性是指矿物受外力作用（在弹性极限内）能发生弯曲形变，当外力取消后仍能恢复原状的性质，如云母。

3. 挠性

矿物的挠性是指矿物受外力作用能发生弯曲变形，但外力取消后不能恢复原状的性质，如绿泥石。

4. 脆性

矿物的脆性是指矿物受外力作用后易裂成碎块或粉末的性质，如方铅矿。

5. 磁性

矿物的磁性是指矿物可被磁场所吸引，甚至本身能吸引铁屑的性质。通常用普通磁铁测试，能被磁铁吸引者称为磁性矿物，如磁铁矿。

除了上述物理性质可作为鉴定矿物的特征外，还常用一些简单的化学方法来鉴定矿物的成分，如用冷稀盐酸来测试方解石，可发生化学反应并释放出 CO_2，产生许多小气泡。

五、作业及思考题

1. 按附表 1 要求描述所观察的矿物标本形态。
2. 按附表 2 记录格式观察描述几种常见矿物。
3. 何谓矿物？矿物形态在矿物鉴定上有什么意义？
4. 无色透明矿物可呈现深色条痕吗？
5. 肉眼观察到的光学性质与矿物的发光性是否一样？
6. 观察矿物的解理时，是否必须打击矿物？应怎样观察？
7. 有些标本很容易捏碎，是否表明该矿物一定硬度低？为什么？

附表 1　矿物形态的观察与描述

标本编号	矿物名称	显晶或隐晶集合体	单体形态	集合体形态

附表2 矿物物理性质的观察与描述

标本号	矿物名称	形态	光学性质				力学性质				其他
			颜色	条痕	光泽	透明度	解理	断口	硬度	相对密度	

实习二　常见矿物的肉眼鉴定(一)

一、目的要求

1. 在实习一的基础上，独立观察和描述常见矿物的形态和物理性质；
2. 学会肉眼鉴定矿物的方法；
3. 掌握硫化物类、氧化物和氢氧化物类、卤化物类、碳酸盐类常见矿物的鉴定特征。

二、实习工具

条痕板，小刀，磁铁，放大镜，稀盐酸。

三、实习内容

1. 观察硫化物类、氧化物和氢氧化物类、卤化物类、碳酸盐类等常见矿物的主要特征(附录1)；

2. 肉眼鉴定硫化物类、氧化物和氢氧化物类、卤化物类、碳酸盐类等常见矿物，注意区分相似矿物。

四、作业及思考题

1. 肉眼观察硫化物类、氧化物和氢氧化物类、卤化物类、碳酸盐类常见矿物，完成附表3；

2. 注意区别黄铁矿—黄铜矿；方铅矿—块状赤铁矿—磁铁矿。

附表 3　常见矿物的肉眼鉴定特征描述

标本号	矿物名称	化 学 式	特征描述

实习三　常见矿物的肉眼鉴定(二)

一、目的要求

1. 独立观察和描述常见矿物的形态和物理性质；
2. 掌握肉眼鉴定矿物的主要方法；
3. 掌握硅酸盐类、硫酸盐类和磷酸盐类常见矿物的鉴定特征。

二、实习工具

条痕板，小刀，磁铁，放大镜，稀盐酸。

三、实习内容

1. 观察硅酸盐类、硫酸盐类和磷酸盐类常见矿物的主要特征(附录 1)；
2. 注意区分相似矿物。

四、作业及思考题

1. 肉眼观察硅酸盐类、硫酸盐类和磷酸盐类常见矿物，完成附表 4。
2. 对比和区分下列各组中的矿物，对比要点提示：
(1) 石英一斜长石：形态、光泽、解理、断口；
(2) 方解石一白云石一硬石膏：形态、解理、稀盐酸反应；
(3) 闪锌矿一软锰矿：光泽、解理、条痕；
(4) 辉石一角闪石：形态、解理交角；
(5) 磷灰石一石榴石：形态、硬度、稀盐酸反应；
(6) 绿泥石一蛇纹石：颜色、形态。

附表 4 常见矿物的肉眼鉴定特征描述

标本号	矿物名称	化 学 式	特征描述

实习四　岩浆岩的肉眼观察与鉴定

一、目的要求

1. 熟悉岩浆岩的一般特征；
2. 学会肉眼观察鉴定岩浆岩的基本方法；
3. 掌握一些常见岩浆岩的肉眼鉴定特征。

二、岩浆岩肉眼观察与鉴定内容

岩石是一种或多种矿物或岩屑组成的集合体，是地质作用的产物，按其成因分为岩浆岩、沉积岩和变质岩三大类。

岩浆岩的手标本肉眼鉴定时的观察描述内容包括岩石的颜色、结构、构造和矿物成分，最后予以定名。其具体内容和注意事项如下：

(一) 颜色

岩浆岩的颜色主要取决于岩石中 SiO_2 含量多少，一般 SiO_2 含量多，浅色矿物多，岩石呈现白色、深灰色、肉红色等浅色；SiO_2 含量少时，暗色矿物多，岩石呈深灰、绿、黑色等深色。观察岩浆岩的颜色时宜远观，看其总体色调，然后用适当颜色形容之。需要注意的是非晶质的喷出岩中不能用岩石的颜色来定岩石的酸性、中性、基性，如黑耀岩为酸性，但为黑色。

岩浆岩的颜色也可根据暗色矿物的百分含量，即"色率"来描述。按色率可将岩浆岩划分为：

暗(深)色岩　　色率为 60～100 相当于黑色、灰黑色、绿色等；

中色岩　　色率为 30～60 相当于褐灰色、红褐色、灰色等；

浅色岩　　色率为 0～30 相当于白色、灰白色、肉红色等。

反过来，我们亦可根据色率大致推断暗色矿物的百分含量，从而推知岩浆岩所属的大类(酸、中、基性)。这种方法对结晶质岩石，尤以隐晶质的岩石特别有用。

(二) 结构

岩浆岩的结构是指岩石组分(矿物、玻璃质等)的结晶程度、颗粒大小和自形程度等。由于冷凝时的物理化学条件(如温度、压力、粘度、冷却速度等)不同，岩浆岩可具有不同的结构。

按矿物的结晶程度和颗粒的绝对大小结构可分为：

全晶质结构：岩石全由结晶矿物组成。其中，肉眼能分辨的称显晶质结构，多见于侵入岩；肉眼不能分辨的称隐晶质结构，多见于喷出岩。

显晶质结构又可按颗粒大小分为：粗粒结构($d>5$ mm)、中粒结构($d=2\sim5$ mm)和细粒结构($d<2$ mm)以及微晶结构。观察时要选择同种矿物测量，通常以长石为标准。

玻璃质结构:岩石由非晶质物质组成,显微镜下不能看到矿物颗粒。它是由于岩浆迅速冷却而形成的一种较均匀的玻璃状固态物质。

岩浆岩显晶质、隐晶质和玻璃质结构区别如下表(表4-1)。应特别注意微晶、隐晶和玻璃质结构的区别。微晶结构用肉眼(包括放大镜)可看出矿物的颗粒,而隐晶质和玻璃质结构,则用肉眼(包括放大镜)看不出任何颗粒来,但两者可用断口的特点相区别。

表4-1 显晶质、隐晶质和玻璃质结构的区别

显晶质	隐晶质	玻璃质
岩石断面粗糙,矿物颗粒清楚,能在标本中确定矿物成分。	岩石断面平整,矿物颗粒不明显,故不能在标本中确定矿物成分。	岩石断面光滑,常见贝壳状断口,断面玻璃光泽或油脂光泽。

按矿物颗粒的相对大小结构可分为:

等粒结构:岩石中同种主要矿物颗粒大小大致相等。

不等粒结构:岩石中同种主要矿物颗粒大小不等。

斑状及似斑状结构:组成岩石的主要矿物颗粒大小相差悬殊,粗大的称为斑晶,细小的称为基质。当基质是隐晶质或玻璃质时称为斑状结构,基质是显晶质时称为似斑状结构。

(三)构造

岩浆岩的构造是指组成岩石的矿物集合体之间的排列和充填方式所反映的形态特征。岩浆岩的构造除与岩浆本身性质有关外,还取决于形成时的环境。

常见的岩浆岩构造有:

块状构造(致密块状构造):矿物分布均匀,无一定的排列方向,岩石无空洞,矿物紧密结合,它是岩浆岩最常见的构造,尤其在侵入岩中更为常见。

气孔构造或杏仁构造:这种构造是喷出岩的常见构造,在熔岩冷却时,尚未逸出的气体被保留在岩石中形成大小不等的空洞,称气孔构造。基性熔岩的气孔多半呈圆形、椭圆形;酸性熔性岩中气孔多为不规则状。气孔的拉长方向往往代表熔岩流动方向。当气孔被后期形成的钙质或硅质矿物所充填时,称为杏仁构造。

流纹构造:为酸性喷出岩的常见构造,它是由不同颜色不同成分的条纹或拉长的气孔定向排列表现出来的一种流动构造。

(四)矿物成分

组成岩浆岩的矿物种类繁多,但其中最主要的是橄榄石、辉石、角闪石、黑云母、斜长石、钾长石和石英等七种。前四种含铁较高,含 SiO_2 较低,颜色较深,呈黑或暗绿,所以又叫暗色矿物;后三种含 SiO_2 和 Al_2O_3 较高,不含铁镁,颜色较浅,所以又叫浅色矿物。这七种矿物在不同种类岩石中组合和相对含量都不相同,故在岩浆岩鉴定时,主要任务之一就是正确鉴定出岩石中这些矿物的种类及其相对含量。

暗色矿物和浅色矿物的相对含量随岩石而异。一般说来,暗色矿物越多,岩石颜色越深,相对密度较大,岩石偏向基性;浅色矿物越多,岩石颜色越浅,相对密度较小,岩石趋于酸性。例如,暗色矿物含量在橄榄岩中超过90%,辉长岩中40%~50%,闪长岩中20%~30%,花岗岩中常小于10%。

对于显晶质结构的岩石,应注意观察描述各种矿物,特别是主要矿物的颜色、晶形、解理、光泽、断口等特征，并目估其含量(注意每种矿物应选择其最特征的性质进行描述)。尤其注意以下几方面：

1. 观察有无长石，若有则应鉴定长石的种类，并分别目估其含量。斜长石一般为灰白色，窄板状，有时可见明暗相间的聚片双晶；钾长石则易成浅肉红色，宽板状，有时可见半明半暗的卡斯巴双晶。

2. 观察有无石英、橄榄石的出现。若有石英出现，则为酸性岩；若有橄榄石出现，则为超基性和基性岩。石英在岩石中一般呈浅灰色，粒状，因无解理面呈不平坦断口，断口油脂光泽，且易与钾长石共生。

3. 鉴定暗色矿物的成分，并目估其含量。特别注意辉石和角闪石，以及它们和黑云母的区别。辉石一般呈粒状、短柱状，断面近似正方形或圆形，多出现于超基性岩中；角闪石则呈长柱状，断面近似菱形或椭圆形，多出现于中酸性岩石中。

4. 对具斑状结构或似斑状结构的岩石则应分别描述斑晶和基质的成分和特点、含量。基质若为隐晶质则可用色率和斑晶推断其成分；若为玻璃质则只能用斑晶来推其成分。

(五) 岩石的命名

岩浆岩的命名一般为颜色＋结构＋(构造)＋基本名称，如肉红色粗粒花岗岩。喷出岩有时仅用(颜色)＋构造＋基本名称，如气孔状玄武岩。

三、常见岩浆岩的一般特征

橄榄岩：超基性深成侵入岩，一般呈绿色或黑绿色，中粒—粗粒结构，块状构造。主要由大致等量的橄榄石和辉石组成，可含少量角闪石、黑云母等，没有石英，橄榄石含量达90%以上者叫纯橄榄岩，<40%者向辉石岩过渡。岩石常受蛇纹石化，并含磁铁矿等金属矿物。

辉石岩：是一种几乎全部由辉石(>90%)组成的超基性深成侵入岩，可含少量橄榄石、角闪石、磁铁矿等金属矿物，辉石晶粒粗大，橄榄石镶嵌其间，颜色暗棕或灰黑，结构构造与橄榄岩相似。

苦橄岩：苦橄岩为超基性岩的喷出岩，呈淡绿色至黑色。隐晶质结构，块状构造，有时具气孔或杏仁构造。主要由橄榄石(50%～70%)和辉石(<40%)组成，可含少量基性斜长石、普通角闪石。若具斑状结构，则称苦橄玢岩。自然界分布较少，常与玄武岩共生，多产于玄武岩底部附近。

辉长岩：基性深成侵入岩，中粒至粗粒结构，块状结构。主要矿物成分是斜长石和辉石，次要矿物有角闪石、橄榄石等，暗色矿物与浅色矿物含量大致相等。

辉绿岩：基性浅成岩。暗绿或黑绿色，矿物成分与辉长岩相似，但粒较细，长条形斜长石自形程度好，辉石以它形充填其间，为辉绿结构。具斑状结构者称辉绿玢岩。

玄武岩：是分布广泛的基性喷出岩。黑色、黑灰色或暗紫色，气孔构造和杏仁构造发育，斑状结构或隐晶质结构，一般常见的斑晶为长条形斜长石、橄榄石(可蚀变为褐红色伊丁石或蛇纹石)或辉石，而角闪石、黑云母少见，玄武岩常具柱状节理，若为水下喷发的，易形成枕状构造。

闪长岩：中性深成侵入岩，浅灰—灰白色，等粒中粒结构，块状构造，主要矿物为白色斜长石和普通角闪石(20%～30%)，有时暗色矿物以黑云母或辉石为主，石英含量很少(<5%)或没有。

安山岩:中性喷出岩,分布比闪长岩广泛,灰绿色、紫红色等。块状构造或气孔构造,杏仁构造,气孔不如玄武岩发育,基质为隐晶质。斑晶多为斜长石(常具聚片双晶)及角闪石,有时暗色矿物为辉石或黑云母。

闪长玢岩:成分与闪长岩相似的中性浅成岩,主要区别是呈脉状产出,斑状结构,斑晶常为角闪石或斜长石。

花岗岩:是分布广泛的一种酸性深成侵入岩。一般呈灰白、浅肉红色,细—粗粒结构,似斑状结构,块状构造。主要由钾长石、斜长石和石英组成,其中钾长石含量多于斜长石,石英含量 20%~50%。暗色矿物含量在 10%以下,主要为黑云母或角闪石。

花岗斑岩:成分与花岗岩相似的浅成岩,斑状结构。斑晶主要为钾长石和石英,有时也有黑云母、角闪石;基质成分与斑晶相似,但为微晶隐晶质。

流纹岩:酸性喷出岩。岩石呈粉红,浅紫红色等。具气孔、杏仁、流纹构造,斑状结构。斑晶主要是石英、透长石或正长石及斜长石,暗色矿物少见。基质较细,属隐晶质。

四、作业及思考题

1. 描述几种常见岩浆岩的肉眼鉴定特征,包括颜色、结构、构造、矿物名称、矿物含量等方面,完成附表 5。
2. 如何区分斑状与似斑状结构?
3. 花岗岩与闪长岩中暗色矿物成分是否相同?
4. 为何深成岩比浅成岩结晶程度好?
5. 气孔构造、流纹构造为何仅见于喷出岩中?

附表 5　常见岩浆岩实习报告

实习五　沉积岩的肉眼观察与鉴定

一、目的要求

1. 了解沉积岩的一般特征，加深对沉积岩生成条件的了解；
2. 观察、熟悉主要的沉积构造(原生构造)；
3. 掌握碎屑岩、碳酸盐岩的鉴定特征。

二、沉积岩的肉眼鉴定方法及步骤

1. 首先观察岩石的颜色。

2. 根据组成岩石成分的颗粒形态、大小及排列关系鉴定岩石属哪种结构，若是碎屑岩要认真观察它的胶结物的种类及胶结方式，及碎屑颗粒的大小、形态等。

3. 根据岩石的外貌特征鉴定岩石的构造。

4. 观察和鉴定岩石的物质成分特征，并估计其含量。

5. 根据岩石的成分、结构构造，确定岩石类型并给岩石定名。

三、沉积岩的肉眼观察与鉴定内容

沉积岩是外力地质作用形成的沉积物经过成岩作用形成的。沉积岩的特征主要通过其颜色、结构、构造和成分来认识。

(一) 颜色

沉积岩颜色在一定程度上反映了岩石的成分和生成的环境。白色、浅色的沉积多为纯净的高岭土、石英、盐类等成分组成；深灰色到黑色一般说明岩石中含有有机质成分或分散状硫化铁等杂质，是在还原环境下生成的岩石；肉红色或深红色的岩石可能含有较多的正长石或氧化铁，含三价铁氧化物的沉积岩是在氧化环境下生成；含二价铁的硅酸盐组成绿色沉积岩，代表弱氧化或弱还原条件。岩屑砂岩则因成分复杂，颜色多为灰绿、灰黑色等。另外，对次生(风化)色有时亦需描述。

碳酸盐类岩石一般为浅色，且以灰色、灰白色为主，但因混入物成分和含量不同，可呈现不同的颜色。如混入有机质者为深灰色或黑色；混入氢氧化铁者为紫色、褐红色等；含铁白云石者呈米黄色或褐色。据此，可大致推测其混入物的成分。描述颜色要以其总体色调为准。

(二) 结构

沉积岩的结构是指组成沉积岩的物质结晶程度、颗粒大小、形状及其相互关系。结构与沉积成因紧密相关，可分为碎屑岩所具有的碎屑结构、化学岩所见的化学结构、泥质岩特有的泥质结构以及生物成因的生物结构等。

碎屑结构：由各种碎屑物质和胶结物所组成。按碎屑大小又可分为：

砾状结构：碎屑直径大于 2 mm；

砂状结构：碎屑直径介于 0.05～2 mm 之间；

粉砂状结构：碎屑直径介于 0.005～0.05 mm 之间；

泥质结构：由各种粘土矿物组成，质点大小皆小于 0.005 mm。

化学结构：矿物是通过胶体溶液或真溶液中以化学方式沉淀而生成的结构。它可以是隐晶的，也可以是显晶的。

碳酸盐岩中石灰岩类结构类型较复杂，可分为碎屑结构、生物碎屑结构和晶粒结构三类；白云岩一般为晶粒结构。

碎屑结构：可见到明显的碎屑颗粒，如竹叶状内碎屑，鲕粒，核形石，生物碎片等。

晶粒结构：方解石晶粒＞1 mm 为粗晶，1～0.25 mm 为中晶，0.25～0.05 mm 为细晶，＜0.05 mm 为泥晶。

生物结构：岩石中几乎全部或大部分由生物遗体(如贝壳等)组成。

注意：砾状结构的岩石，可用尺子直接测量颗粒的大小、圆度、球度，目估各种粒径砾石的含量，以确定其分选性。对具砂状结构的岩石应尽量目估其颗粒大小，同时估计各粒级的百分含量以确定其分选性。在目估粒度时，可用已知粒级的砂粒管进行对比。用肉眼(包括放大镜)观察并确定碎屑的磨圆程度。对磨圆度的观察描述，一般对中砂和大于中砂粒级的岩石才具有意义。

分选性：肉眼描述时，目估同一粒级颗粒的含量，＞75%为分选好；75%～50%为分选中等；＜50%为分选差。

磨圆度：肉眼或用放大镜观察颗粒的磨圆程度。

(三) 构造

沉积岩的构造是指沉积岩中物质成分的分布特点及排列方式。沉积岩的一个重要特点是有层状构造，即层理和层面构造。

1. 层理构造

层理构造是沉积岩特有的构造。它是区别于岩浆岩和变质岩的主要标志之一，它在外观上是由于上下沉积物的颗粒大小、成分、颜色和形状不同而显示出来的成层现象。层理构造按形状可以分为：平行层理、斜层理、交错层理、波状层理和递变层理等。

层与层之间的接触面称为层面，每个单层厚度不等，可以分为：

块状层：单层厚度＞1 m

厚层： 单层厚度 0.5～1 m

中厚层：单层厚度 0.1～0.5 m

薄层：单层厚度 0.01～0.1 m

极薄层：单层厚度＜0.01 m

2. 层面构造

层面构造是各种地质作用在沉积物层面上留下的痕迹，可以帮助我们了解沉积岩形成的条件。主要的层面构造有：波痕、泥裂、雨痕、虫迹等。

波痕：系运动介质(流水、波浪、风)在砂质等非粘土沉积物层面上形成的一种波状起伏构造，它由一系列近于平行的呈线性延长的波峰和波谷组成，波形对称或不对称，延长方向一般垂直于介质运动方向。

泥裂:泥质或灰泥质沉积物因曝晒所发生的收缩龟裂纹,平面上呈不规则网格状,剖面上常呈“V”形,并为上覆沉积物充填。

雨痕:偶尔阵雨降落在泥质沉积物表面,撞击形成的小凹穴,呈圆形成椭圆形。

3. 生物构造

含化石构造:岩石中保存了石化的生物遗体。

生物遗迹构造:是指保存在沉积层面上及层内的生物活动的痕迹(如虫孔、虫迹、足迹等)。

4. 化学成因构造

结核构造:是一种成分、结构或颜色与围岩截然不同的矿物包裹体。成因可分为同生结核、成岩结核和后生结核。

缝合线构造:是碳酸盐岩石常见的一种构造,它在岩石剖面中呈锯齿状曲线,像动物头盖骨中的缝合线而得名,层面上是一个起伏不平的面。

注意:若手标本上能见到层面和层理构造则应尽量描述。若手标本上见不到特殊的构造,则表明该岩石的岩层厚度较大,一般将其称为块状构造即可。

(四) 成分

组成沉积岩的物质成分中常见的有矿物、岩屑、有机质和胶结物四种。沉积岩中常见矿物有二十多种,一类为母岩风化后经搬运沉积下来的碎屑矿物,如石英、正长石、白云母等;另一类为沉积过程中新生矿物,如粘土、方解石等。

碎屑岩的成分主要描述碎屑颗粒和胶结物两部分的物质成分。

1. 碎屑成分:碎屑岩中的碎屑物质包括矿屑和岩屑二类。常见的矿屑有石英、长石和白云母。岩屑多出现在较粗的碎屑岩中,常见的岩屑为石英、砂岩、粉砂岩、燧石和中酸性岩浆岩等。在观察鉴定岩石时,要求鉴定出主要矿物和岩屑名称。

2. 胶结物成分:常见的胶结物成分有钙质、硅质、铁质、泥质四种,主要区别见表 5-1。

表 5-1 不同成分胶结物的区别

胶结物成分	颜色	岩石固结程度	胶结物成分	加稀盐酸
钙质	灰白	中等	<小刀	剧烈起泡
硅质	灰白	致密坚硬	>小刀	无反应
铁质	褐红、褐	致密坚硬	≈小刀	无反应
泥质	灰白	松软	<小刀	无反应

碳酸盐类岩石的主要矿物成分是方解石和白云石。由此而将其划分为石灰岩(方解石>50%)和白云岩(白云石>50%)两大类,有时因含有较多的粘土矿物,可形成与泥质岩过渡的泥灰岩。因此,确定碳酸盐岩的矿物成分,对岩石的定名是很重要的。碳酸盐类岩石的矿物成分一般主要是根据其与稀盐酸(5%)反应试验。

(1) 加稀盐酸剧烈起泡并嘶嘶作响者,主要成分为方解石,应为石灰岩;

(2) 加稀盐酸微弱起泡或不起泡,主要为白云石组成,应为白云岩;

(3) 加稀盐酸剧烈起泡后,留下泥质物质者,说明其主要成分除方解石外,还含有大量泥质(粘土矿物)成分,应为泥灰岩。

(五) 命名

碎屑岩主要是根据碎屑粒级确定岩石的基本名称(砾岩、砂岩、粉砂岩等),再根据岩石的颜色和成分(碎屑成分和胶结物成分)予以定名。即:颜色+(胶结物成分)+(次要碎屑成分)+主要碎屑成分+基本名称,如:黄褐色钙质石英粗砂岩,灰色长石石英细砂岩等。

碳酸盐岩的基本名称以矿物成分确定,然后加上颜色、结构则为岩石的全称,即颜色+结构+基本名称,如灰色鲕状灰岩,浅灰色细晶灰岩,深灰色细晶白云岩等。

四、沉积岩的分类及常见的沉积岩

(一) 沉积岩的分类

按成因可以分为:陆源碎屑岩、化学及生物化学岩(内源沉积岩)、火山碎屑岩三大类。

陆源碎屑岩:包括碎屑岩和粘土岩两种。

碎屑岩:碎屑物质以机械方式沉积,经胶结物胶结形成的岩石。

粘土岩:由粘土矿物及微小的碎屑物质组成。

化学及生物化学岩:化学作用及由化学方式在生物参与的作用下沉积形成的岩石。

火山碎屑岩:由落到地面上的火山碎屑物经胶结的成岩作用所形成的岩石。

(二) 常见的沉积岩

1. 碎屑岩类

砾岩:粒径大于 2 mm 的碎屑占 50%以上,具砾状结构,层理发育差。砾石一般为圆或次圆状者称砾岩,砾石呈棱角和次棱角状者称角砾岩。主要由一种砾石成分(含量 75%)组成的砾岩,称单成分砾岩,这样的砾岩一般分选性和磨圆度均好,如石英砾岩。砾石成分复杂者称复成分砾岩,一般分选不良,圆度变化也大。砾岩的胶结物有硅质、钙质、铁质和泥质等。

砂岩:粒径介于 2～0.05 mm 之间的砂粒占 50%以上,具砂状结构,各类层理均可发育,胶结物多硅质、钙质、铁质及泥质等。按砂粒大小可分为粗粒砂岩(粒径 2～0.5 mm)、中粒砂岩(粒径 0.5～0.25 mm)、和细粒砂岩(粒径 0.25～0.05 mm)。按成分又可分为石英砂岩、长石砂岩和岩屑砂岩。石英砂岩中石英含量占 75%以上,甚至 95%以上,一般磨圆度高,分选好,颜色浅。长石砂岩中石英含量<75%,长石含量>25%,浅红色到浅灰色,圆度较差,分选中等或差。岩屑砂岩中石英含量<75%,岩屑含量>25%,甚至>60%,颜色深,圆度和分选都很差。

粉砂岩:粒径介于 0.05～0.005 mm 的碎屑粒占 50%以上,具粉砂状结构,多呈薄层状,水平或微波状层理,颗粒细小,肉眼难以辨认,放大镜下可识别石英颗粒或少量白云母。岩石断面粗糙,无滑感,可与粘土岩相区别。黄土则是未固结的粉砂,呈土黄色,松散状,层理不清,主要由石英、长石等粉砂组成,含粘土矿物及碳酸钙结核。

2. 泥质岩类

分布最广的一类沉积岩,均为泥质结构,并常具水平层理,主要由各种粘土矿物组成。通常按固结程度分为以下三种:

粘土:未固结或弱固结的泥质岩,具吸水性和可塑性,在水中易泡软。单矿物粘土有高岭石粘土、蒙脱石粘土、水云母粘土等,但自然界多数为复矿物粘土。

泥岩：固结较紧的泥质岩，呈块状，吸水性和可塑性极弱，在水中不易泡软。成分较复杂，多水云母，含粉砂。

页岩：固结很好的泥质岩，成页片层，无吸水性和可塑性，水中不能泡软，可按其所含次要成分进一步命名，如炭质页岩、钙质页岩等。

3. 化学岩及生物化学岩类

这类岩石结构多样，有碎屑结构和生物结构，但以化学结构为主。由于岩石多数为非晶质或隐晶质，肉眼不能分辨矿物颗粒，因此，要注意区分岩石种类众多的化学成分和矿物成分。其中主要的岩石种类有以下几种：

碳酸盐岩：主要由钙镁的碳酸盐组成，分布广泛，在沉积岩中仅次于页岩和砂岩，结构以碎屑结构和化学结构为主，最主要的岩石有石灰岩和白云岩。

石灰岩主要由方解石组成，常呈灰或灰白色，由于含有机质多少不等，颜色可由浅灰到黑色，一般较致密，断口呈贝壳状，硬度不大，加稀盐酸起泡剧烈。常因结构不同而给予不同的名称，如豹皮灰岩、鲕状灰岩和竹叶状灰岩等。灰岩中常含有粘土矿物、硅质等杂质，含量较多时称为泥灰岩、硅质灰岩等。

白云岩主要由白云石组成，与灰岩相似，所不同者是白云岩加稀盐酸起泡微弱，肉眼不易观察，但可耳闻嗞声，其粉末加稀盐酸可起泡。

铁质岩：含有大量铁的氧化物、碳酸盐或硫化物的岩石，如果其中铁矿物含量高，达到工业要求时则可成为铁矿石，如赤铁矿、菱铁矿岩。

锰质岩：富含锰的氧化物或碳酸盐，在成因及分布特点上皆与铁质岩相似，但其量少于铁质岩，锰质岩加 H_2O_2 强烈起泡。

硅质岩：由生物或化学成因的二氧化硅组成，分布上仅次于碳酸盐岩，常见的岩石有碧玉岩和燧石岩等，颜色多呈灰白色—灰—灰黑色，隐晶质，致密坚硬，不易氧化。

磷质岩：含大量磷酸钙的沉积岩，目前把含 P_2O_5 为 8%～19.5%的含磷岩石称为磷质岩，P_2O_5 含量大于 19.5%者(相当于含 50%磷灰石)称为磷块岩，磷质岩颜色较深，结构构造与碳酸盐相似，常见的岩石有结核磷块岩和层状磷块岩。

铝质岩：富含氧化铝($Al_2O_3>SiO_2$)和铝的氢氧化物矿物的岩石，铝质岩常呈灰色，矿物成分难辨，常见的结构有泥质结构，粉砂质结构，外貌上与泥质岩相似，但铝质岩的硬度及相对密度较大，有时有磁性，若铝质岩中 $Al_2O_3>40\%$，$Al_2O_3:SiO_2>2:1$ 时，称铝土矿。根据成因可分为红土地型铝土矿和沉积型铝土矿两种。

蒸发岩：又称盐类岩、盐岩，主要由钾、钠、钙、镁的氯化物或硫酸盐类矿物组成，产于炎热干燥环境的泻湖及盐湖中，以化学结构为主，易溶解、质软、易变形、破碎。常见的有盐岩、钾盐、石膏等。

可燃有机岩：主要由碳及碳氢化合物组成，主要有泥炭、煤、石油、油页岩及沥青等。油页岩一般呈棕黑色，质地细致，相对密度轻(1.3～1.8)，富弹性，坚韧而不易破碎，小刀可削成薄片卷起，以指甲刻划可出现油脂光泽的刻痕。

4. 火山碎屑岩类

集块岩：岩石中的火山碎屑大于 100 mm 者占 50%以上，常混有火山角砾、火山灰等，分选性差。

火山角砾岩：主要由直径 2～100 mm 的火山喷发碎屑构成，胶结物一般为凝灰质。碎屑多为中—酸性熔岩角砾和其他岩石角砾，分选性差，层理不明显。

凝灰岩：是分布最广的一种火山碎屑岩，主要由直径小于 2 mm 的火山灰组成，一般具有层理。碎屑以中酸性的晶屑、玻屑为主，呈各种较浅的颜色，表面具粗糙感。

五、作业及思考题

1. 描述几种常见沉积岩（如砾岩、砂岩、页岩、生物碎屑石灰岩、硅质岩、白云岩等）的肉眼鉴定特征，包括颜色、结构、构造、成分、含量等方面，完成附表 6。

2. 如何区分石英砂岩与花岗岩？

3. 石英砂岩中石英的含量至少占多少？长石石英砂岩中长石的含量至少占多少？

4. 如何区分灰岩与白云岩？

附表 6 常见沉积岩实习报告

实习六　变质岩的肉眼观察与鉴定

一、实习目的要求

1. 初步掌握变质岩的一般特征，加深对变质作用的理解；
2. 认识和熟悉常见变质岩的描述和肉眼鉴定。

二、变质岩肉眼观察描述内容及其注意事项

变质岩是变质作用的产物，因而在矿物成分、结构构造上与原有岩石相比，既有明显的继承性，又有一定的差异性。变质程度直接影响到原岩改变的程度和变质岩的特征。变质岩肉眼观察描述的内容、方法与沉积岩、岩浆岩大体相似。

(一) 变质岩的颜色

变质岩的颜色比较复杂，它既与原岩有关又与变质岩矿物成分有关。因此，颜色虽可帮助鉴定矿物成分，但与其他两大类岩石相比，则重要性较差。变质岩的颜色常不均一，应注意观察其总体色调。

(二) 变质岩的矿物成分

变质岩是由岩浆岩和沉积岩变质而形成的，因而矿物组成既与岩浆岩、沉积岩有密切的关系，又可形成一些新的矿物组合。矿物种类比岩浆岩、沉积岩更为复杂多样。

岩浆岩中的主要矿物(长石、石英、云母、角闪石、辉石等)往往也是变质岩的主要矿物，但在相对含量上差别可能很大。例如，岩浆岩中石英含量一般不超过30%～40%，而在变质岩中可很高，甚至超过90%；在富含石英、长石的岩浆岩中，暗色矿物一般不超过20%～30%，而在变质岩中可超过50%。沉积岩的典型矿物(如粘土、盐类矿物)除方解石、白云母等以外，只能在浅变质时作为残余矿物存在。

除继承矿物外，变质作用能形成特有的、只有在变质岩中才大量存在的变质矿物，变质矿物的种类与变质程度有关。属于低级变质的矿物主要有绢云母、绿泥石、蛇纹石、红柱石、滑石等；属于中级变质的矿物主要有云母、硬绿泥石、透闪石、阳起石、绿帘石、蓝晶石等；属于中一高级变质的有石榴石、透辉石、斜长石等；属于高级变质的有矽线石、紫苏辉石及正长石等。

描述变质岩的成分时，应注意主要矿物、次要矿物和特征变质矿物。一般按矿物含量从多到少的顺序进行描述。

(三) 变质岩的结构

变质岩的结构类型很多，按其成因可分为四大类，每类又有多种结构。

1. 变余结构

变余结构是浅变质岩中常见的结构，它仍保留原来沉积岩、岩浆岩的结构。如变余砾(砂)状结构、变余泥质结构、变余斑状结构等。

2. 变晶结构

变晶结构是在变质过程中经重结晶作用和变晶作用所形成的结构。它与岩浆岩的晶质结构虽有相似性,但也存在差异点。变晶结构的晶粒一般为全晶质;除变斑晶外,晶粒一般呈他形或半自形;各种矿物无明显的生成先后次序;柱状、片状矿物等呈定向排列或见粒状结构被拉长。常见的变晶结构有:

粒状(花岗)变晶结构:由粒状矿物(长石、石英或方解石等)所组成,变晶矿物颗粒大小相近,似花岗质结构。

角岩结构:泥质岩石经接触热变质形成的细粒变晶结构。

鳞片变晶结构:主要由云母、绿泥石、滑石等片状矿物组成。如与粒状矿物相结合,则可称鳞片粒状变晶结构。

纤维变晶结构:主要由阳起石、透闪石、夕线石等纤维状、长柱状矿物组成,当它们与粒状矿物相结合时,称纤维粒状变晶结构。

斑状变晶结构:变质过程中由于结晶能力的差异,形成颗粒较大,自形程度较高的变斑晶,如:石榴子石、红柱石、蓝晶石等。其基质的结构各异,从变余结构到粒状变晶结构等。

3. 交代结构

交代结构是在交代作用过程中形成,主要发育于高级变质岩和混合岩中,一般要在显微镜下才能看清,故本次实习不观察。

4. 压碎结构

岩石在低温下受定向压力作用发生破碎而形成,是动力变质岩的典型特征。按破裂程度可分:碎裂结构、碎斑结构和糜棱结构等。

注意点:区域变质岩的结构主要为变晶结构,仅少数为变余结构。变晶结构在肉眼下很难与结晶质结构相区别。描述变晶结构时同样应注意矿物的结晶程度、颗粒大小、形状等特点。

(四)变质岩的构造

变质岩的构造按成因可分三大类,在各大类中还可分出若干种构造。

1. 变余构造

变余构造是指变质作用后保留下来的原岩构造,如变余层理构造、变余气孔(杏仁)构造、变余流纹构造等。

2. 变成构造

变成构造是指变质过程中形成的构造,是变质岩中常见的、最具特征性的构造。常见的有:

板状构造:泥质(或粉砂质、硅质)岩石在低温、高压条件下形成的平等破裂面,板理面光滑平整,由于原岩的矿物基本上未重结晶,故只有少量绢云母、绿泥石等在板理面上呈弱丝绢光泽。

千枚状构造:结晶程度较板状构造强,但肉眼尚不能分辨矿物颗粒;裂开面比较密集,不平整,表面有皱纹,并有强烈丝绢光泽。

片状构造:变质过程中所形成的片状、长柱状矿物平等排列构成片理面,片理面可以较平直,也可波状弯曲。

片麻状构造:部分成定向排列的片状或柱状矿物在长石、石英等粒状矿物中呈断续分布，称片麻状构造。岩石不易沿片麻理方向裂开成平整的面。若片、柱状矿物和粒状矿物分别集中，则可形成粒度不同或色调不同的条带状构造。

块状构造：岩石中各种矿物无定向排列，各部分大致均匀，如石英岩、大理岩等。

3. 混合岩构造

混合岩构造是混合岩化过程中，由脉体和基体两部分相互作用所形成的构造，一般前者颜色较深，常为深灰、灰色等，后者颜色较浅，常为灰白、肉红色等。常见的有眼球状构造、条带状构造、肠状构造等，它们反映了混合岩化作用的强度。

注意点：区域变质岩最特征的构造是由矿物具一定方向排列而构成的定向构造，即片理。片理是变质岩特有的一种构造，根据其剥开的难易程度、剥开面的平整程度和光泽，结合矿物重结晶程度等特征，可将片理中的板状、千枚状、片状和片麻状四种构造区分开。区域变质岩中亦有块状构造。

（五）变质岩的命名

一般命名原则可概括为：颜色＋（矿物成分）＋基本名称。如蓝灰色蓝晶石片岩，角闪石斜长片麻岩，黑云母变质岩。

区域变质岩中具有定向构造的岩石，以定向构造为其基本名称。若肉眼可识别出主要矿物或特征变质矿物时，亦应作为定名内容。

三、变质岩实习重点

1. 先识别变质矿物：根据其含量，确定主要（＞20％）和次要（＜10％）变质矿物。变质矿物＞5％，可参加命名。

2. 根据变质矿物、结构、构造标志，识别接触变质、动力变质（韧性剪切）、区域变质、混合岩化变质 4 种变质作用，确定变质岩类和变质岩名称。

接触变质：角页岩、矽卡岩、大理岩；

动力变质岩：眼球状花岗片麻岩；

区域变质岩：板岩、绢云母千枚岩、黑云母片岩、片麻岩；

混合岩：肠状混合岩、条带状混合岩。

3. 区域变质岩中，须识别与对比板岩、千枚岩、片岩、片麻岩的结构与构造，确定区域变质岩的类别。

四、常见变质岩的特征

板岩：由泥质、粉砂质或凝灰质岩石经轻度区域变质作用形成。变余泥质或粉砂质结构，板状构造，板理面平整，有时尚可见变余层理构造，除板理面偶见细小不均匀的绢云母、绿泥石、石英外，以隐晶质为主，并有大量残留的泥质和粉砂。硅质含量高者可形成硅板岩。

千枚岩：变质前的原岩与板岩相同，变质时遭受较强应力，变质程度较板岩稍深。原岩几乎全部重结晶，但新生矿物颗粒很细，肉眼难于辨别，为细粒磷片变晶结构，千枚状构造，薄的片理面上常见小的皱纹和微细绿泥石和绢云母的丝绢光泽，有时可见变斑晶。

片岩：由泥质、砂质等岩石变质形成，变质程度比千枚岩更深。矿物成分肉眼可辨认，主要由片状物（云母、绿泥石、滑石）、柱状矿物（角闪石等）和粒状矿物（石英、长石等）组成，其中片状、柱状矿物至少大于 30％，长石小于 25％。鳞片变晶结构或斑状变晶结构，有明显的片理结构。岩石可按主要矿物成分命名，如云母片岩、绿泥石片岩等。

片麻岩：由各种岩石经较深变质作用形成，具中粗粒花岗变晶结构，片麻状构造。矿物成分中除含有构成片麻状构造的片状或柱状矿物外，长英质矿物含量大于50%，且长石多于石英。命名时可按特征矿物＋主要片状或柱状矿物 ＋长石种类＋片麻岩的方式进行，如石榴黑云母斜长片麻岩；若无特征矿物，长石种类肉眼不能鉴别，这两项可不参加命名。

大理岩：碳酸盐类的岩石（石灰岩和白云岩）经热接触变质或区域变质，矿物重结晶形成，一般呈白色，块状构造，花岗变晶结构。如果岩石虽有重结晶而无明显退色者称结晶灰岩。大理岩中碳酸盐矿物占50%以上，由于原岩中多含杂质，故可形成各种钙镁硅酸盐矿物，如硅灰石、透闪石、蛇纹石等，它们也可参加命名，如蛇纹石大理岩等。

石英岩：石英砂岩等硅质岩石经区域变质或热接触变质，重结晶形成，岩石的颜色、结构、构造与大理岩相同，但硬度大于小刀，石英含量占70%以上，可含少量（<10%）的长石和因杂质造成的其他矿物，如云母、绿泥石、角闪石等。含铁石英岩是其重要变种，除石英外，含有数量不等的粒状磁铁矿和片状赤铁矿。

角岩：是泥质、粉砂质、砂质沉积岩的热变质产物。岩石一般呈深色，细粒、致密坚硬，具角岩结构或斑状变晶结构，断面光滑平整或呈贝壳状，富铝粘土岩变质形成的角岩常有红柱石斑晶，称红柱石角岩；由砂岩等变质形成的称长英质角岩。

矽卡岩：主要是在中酸性侵入岩和碳酸盐岩石接触带附近，由接触交代作用所形成。岩石主要由石榴石和透辉石及某些其他钙铁硅酸盐矿物组成。外表特征多变，颜色主要取决于矿物成分，常分为暗色、暗绿色或暗棕色等，不等粒的花岗变晶结构或斑状变晶结构，块状构造或条带状构造。矽卡岩中常有多种金属矿物存在，如磁铁矿、黄铜矿、方铅矿、闪锌矿、白钨矿等。

云英岩：主要是花岗质岩石遭受高温气体和热液交代作用形成，常呈浅色，块状构造，花岗变晶或磷片花岗变晶结构，显微镜下可见交代结构。矿物成分以石英（50%～90%），白云母为主，并常见黄玉、电气石等高温气成矿物，有时含黑钨矿、锡石、辉钼矿、辉铋矿等金属矿物。

动力变质岩：由动力变质作用形成，主要分布在断裂破碎带中。按变形性质不同分为碎裂岩和糜棱岩两大系列，前者以脆性变形为主，其显著特征是岩石无定向或具弱定向构造，以裂隙为主，无或少有重结晶作用；后者以塑性变形为主，其主要特征是岩石具定向构造（如梳状构造、片理构造等），并具有结晶作用。

五、作业及思考题

1. 描述几种常见变质岩的肉眼鉴定特征，包括颜色、结构、构造、矿物成分和含量等方面，完成附表7。

2. 板岩、千枚岩、片岩有何主要区别？

3. 如何区分石英岩和大理岩？

4. 何谓片麻状构造？

附表 7 常见变质岩实习报告

实习七　古生物化石

一、目的要求

1. 通过对化石标本的观察，了解化石保存类型的特点及含义；

2. 理解化石的概念，了解化石肉眼鉴定的一般步骤、描述方法；

3. 了解常见化石（如三叶虫、笔石、蜓、腕足类及珊瑚）的基本构造、生态环境和地史分布，掌握其主要特征。

二、实习内容

1. 实体化石

(1) 矿物充填作用形成的化石：珊瑚、脊椎动物骨骼等；

(2) 置换作用（硅化、钙化等）形成的化石：硅化木等；

(3) 炭化作用形成的化石：笔石、植物叶片等。

2. 模铸化石（外模、模核等）

三叶虫、腕足动物、双壳类、鱼化石、角石等。

3. 遗迹化石（生物体的排泄物等）

恐龙蛋、鱼类的粪便等。

4. 生物与沉积作用构成的化石

叠层石、核形石等。

5. 区别真假化石

锰质沉积形成的菊花石、锰结核、树形石等。

三、常见化石基本特征

1. 三叶虫

三叶虫属节肢动物门（与虾、蟹、蜈蚣同类）的一个纲，是节肢动物门中化石最多的一类（约 2 000 个属，1 万多种），以浅海底栖爬行生活为主，为早古生代标准化石，古生代末即已绝灭。

三叶虫构造：三叶虫的背面覆以由矿物组成的坚硬背甲，背甲左右有两条纵向背沟分为中轴叶和两侧肋叶（两个肋叶）三部分，纵向上也可分为头、胸、尾三部分，均是三分，故名三叶虫。

2. 笔石

笔石为一类已灭绝的海生小型群体动物，其化石为几丁质印模化石，炭化后形成炭化薄膜，很像在岩层面上的文字笔迹，故得名。笔石为早古生代奥陶纪——志留纪标准化石。

笔石的构造：笔石动物的硬体统称为笔石体，每个笔石体由其始端的胎管和数目不等的笔石枝组成。

3. 䗴

属原生动物门，又名纺锤虫，是一种已经绝灭的大型有孔虫。主要底栖生活，少数能漂浮，多生活于水深10～70 m的温暖浅海，其钙质外壳可保存为化石。生存于石炭纪至二叠纪末，由于它迅速演化和广泛分布在世界各地，成为重要的标准化石。代表种为纺锤虫、矢部纺锤虫等。

䗴的构造：䗴是一种海生单细胞动物，壳体微小，一般3～6 mm，最小者不足1 mm，最大者也仅几厘米。其外形两端尖细，中部膨凸，很像纺锤，所以被形象地称为“纺锤虫”，常见于灰岩中，呈白色圆点状。

4. 腕足类

腕足类是个独立的门。海生、底栖动物，常与珊瑚和软体动物共生。从寒武纪到现在都有，但以古生代最为繁盛，许多属是古生代的主要标准化石。

腕足类的软体被两个大小不等的钙质或几丁质的外壳所包围，大者称腹壳，小者称背壳。每个壳左右对称，腹壳常具凹陷的中槽，背壳具凸起的中隆。壳面光滑或具粗细不等的放射线和同心线。而在后方相连的线称铰合线，铰合线与壳喙之间的三角形面称铰合面。

5. 珊瑚

珊瑚属腔肠动物一个纲，海生单体或群体底栖生物，生活于温暖(20 ℃以上)的浅海环境。群体珊瑚常能形成巨大的生物礁。珊瑚从寒武纪到现在都有，但古生代最盛，其中四射珊瑚和床板珊瑚为重要标准化石和指相化石。

珊瑚的基本构造：单体珊瑚的外形有盘状、锥状及圆锥状，复体(群体)珊瑚有丛状和块状。单体珊瑚有骨骼构造，纵列构造有辐射状排列的隔壁，复杂者中有中轴(中柱)或复中柱；横列构造有横纹、鳞板(呈鱼鳞状在隔壁是的板)。

6. 其他门类化石

角石：属软体动物门头足纲鹦鹉螺类动物，壳直呈圆锥形，体内有管道状体管。时代分布：奥陶纪。

栉羊齿：属蕨类植物，多次羽状复叶，小羽片以整个基部着生于羽轴两侧，两侧(羽片)近平行，小羽片顶端圆钝。时代分布：早石炭世——二叠纪。

苏铁杉：属于裸子植物，枝细，叶稀呈螺旋状着生，叶呈披针形，基部收缩，叶脉细而直，和侧边平行至顶端常聚缩。时代分布：晚三叠世——早白垩世。

四、作业与思考题

1. 任选几个化石进行描述并素描，观察其形态、构造特征，了解它们的地史分布情况及生态特征(可参考教材)；

2. 何谓化石？化石的形成条件如何？化石的保存类型有哪些？

3. 研究古生物化石具有哪些科学意义？

4. 如何区别真假化石？

实习八　地质罗盘仪的使用

一、实习目的和要求

1. 了解地质罗盘仪的结构；
2. 学会使用地质罗盘仪测量岩层产状要素(走向、倾向及倾角)，并掌握其记录方法。

二、实习工具

地质罗盘仪。

三、实习内容及注意事项

地质罗盘仪是进行野外地质工作必不可少的一种工具。借助它可以定出方向，观察点的所在位置，测出任何一个观察面的空间位置(如岩层层面、褶皱轴面、断层面、节理面等构造面的空间位置)，以及测定火成岩的各种构造要素，矿体的产状等。因此地学专业学生必须掌握地质罗盘仪的使用。

(一) 地质罗盘仪的结构

地质罗盘仪结构原理与普通指南针一样，一般都由磁针、磁针制动器、刻度盘、测斜器、水准器和瞄准器等几部分组成，并安装在一非磁性物质的底盘上(图 8-1)。

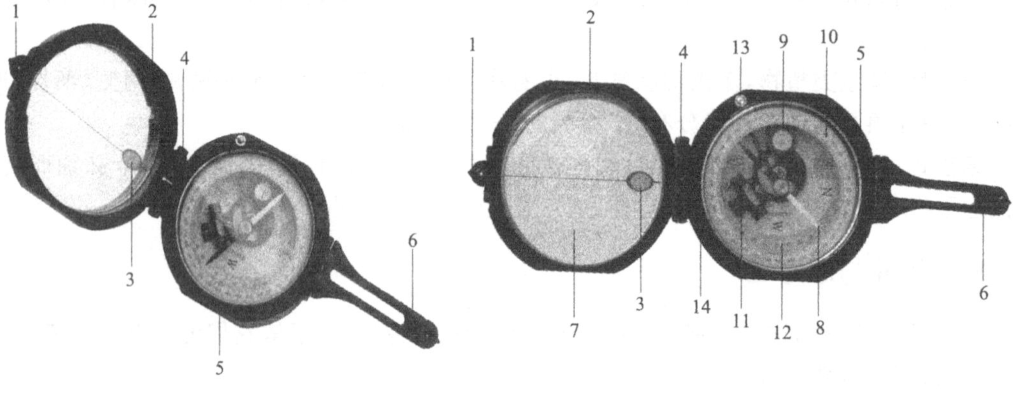

图 8-1　地质罗盘仪结构图

1—短觇板；2—上盖；3—反光镜椭圆孔；4—连接合页；5—罗盘外壳；6—长觇板；7—反光镜及分划线；8—磁针；9—圆水准器；10—刻度盘；11—管水准器；12—测斜刻度盘；13—磁针制动螺丝；14—刻度盘校正螺丝

地质罗盘仪主要部件及功用：

反光镜： 测量时作反射用镜子。

刻度盘： 罗盘刻度分为水平刻度盘(在上边)和垂直刻度盘(在下边)。**水平刻度盘**刻度方式有两种，即方位角和象限角，随不同罗盘而异，方位角刻度盘是从0°开始，逆时针方向每隔10°一记，直至360°。在0°和180°处分别标注N和S(表示北和南)；90°和270°处分别标注E和W(表示东和西)。象限角刻度盘与它不同之处是S、N两端均记作0°，E和W处均记作90°，即刻度盘上分成0°～90°的四个象限。**垂直刻度盘**刻有两个0°、—90°(半圆)，它是用来测量倾角、坡度角的。以中心位置为0°，分别向两侧每隔10°一记，直至90°。

必须注意：方位角刻度盘为逆时针方向标注。两种刻度盘所标注的东、西方向与实地相反，其目的是为了测量时能直接读出磁方位角和磁象限角，因测量时磁针相对不动，移动的却是罗盘底盘。当底盘向东移，相当于磁针向西偏，故刻度盘逆时针方向标记(东西方向与实地相反)所测得读数即所求。

磁针：为一两端尖的磁性钢针，其中心放置在底盘中央轴的顶针上，以便灵活地摆动。由于我国位于北半球，磁针两端所受地磁场吸引力不等，产生磁倾角。为使磁针处于平衡状态，在磁针的南端绕上若干圈铜丝，用来调节磁针的重心位置，亦可以此来区分指南和指北针。

磁针制动器：磁针制动器是控制磁针动或停的一个小旋扭，不用时，需旋紧磁针制动器，以便保护顶针和旋转轴不受磨损，保持仪器的灵敏性，延长罗盘使用寿命。在测量时放松磁针制动器，使磁针自由摆动，最后磁针所指方向就是磁子午线的方向。

水准器：罗盘上通常有圆形和管形两个水准器，圆形者固定在底盘上，管状者固定在测斜器上，当气泡居中时，分别表示罗盘底盘和罗盘含长边的面处于水平状态。但如果测斜器是摆动式的悬锥，则没有管状水准器。

瞄准器：包括接目和接物觇板、反光镜中的细丝及其下方的透明小孔，是用来瞄准测量目的物(地形和地物)的。

测斜指针(或悬锤)：是测斜器的重要组成部分，它放在底盘上，测量时指针(或悬锤尖端)所指垂直刻度盘的度数即为倾角或坡度角的值。

(二) 地质罗盘仪的使用

1. 磁偏角及其校正

在使用前需作磁偏角的校正，因为地磁的南、北两极与地理的南、北两极位置不完全相符，即磁子午线与地理子午线不重合，两者间夹角称磁偏角。地球上各点的磁偏角均定期计算，并公布以备查用。当地球上某点磁北方向偏于正北方向的东边时，称东偏(记为“＋”)；偏于西边时，称西偏(记为“－”)。

各地的磁偏角早已计算好备查，所以使用罗盘前先进行磁偏角较正。校正方法是旋动外墙螺丝，使水平刻度盘向右或向左转动(磁偏角东偏向右旋，西偏向左旋)。经校正后的罗盘，所测读数即为正确的方位。

2. 产状要素的测量及表示

岩层的空间位置决定于其产状要素，岩层产状要素包括岩层的走向、倾向和倾角(图8-2)。

(1) 岩层走向的测量

岩层走向是岩层层面与水平面相交线的方位，测量时将罗盘长边的底棱紧靠岩层层面，当圆形水准器气泡居中时读指北或指南针所指度数即所求(因走向线是一直线，其方向可两边延伸，故读南、北针均可)。

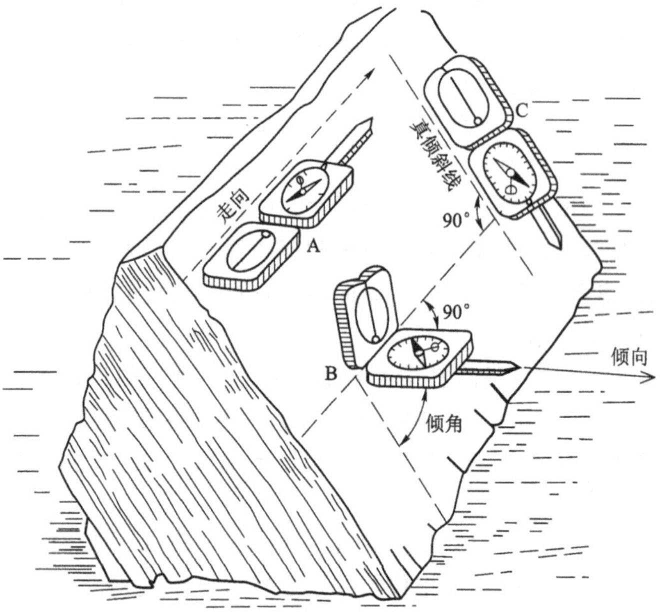

图 8-2　岩层的产状要素及其测量方法

(2) 岩层倾向的测量

岩层倾向是指岩层向下最大倾斜方向线(真倾向线)在水平面上投影的方位。测量时将罗盘前端(具对物觇板)指向岩层的倾斜方向,将罗盘后端紧贴在层面上,调整罗盘,使气泡居中,磁针北端所指的度数即为岩层倾向方位角。倾向加或减 90°即为岩层的走向。

(3) 岩层倾角的测量

岩层倾角是指层面与假想水平面间的最大夹角,称真倾角。真倾角可沿层面真倾斜线测量求得,若沿其他倾斜线测得的倾角均较真倾角小,称为视倾角。测量时将罗盘侧立,使罗盘长边紧靠层面,并用右手中指拨动底盘外之活动扳手,同时沿层面移动罗盘,当管状水准器气泡居中时,测斜指针所指最大度数即岩层的真倾角。若测斜器是悬锤式的罗盘,方法与上基本相同,不同之处是右手中指按着底盘外的按钮,悬锤则自由摆动,当达最大值时松开中指,悬锤固定所指的读数即岩层的真倾角。

(4) 岩层产状的记录方法

如用方位角罗盘测量,测得某地层走向是 330°、倾向为 240°、倾角为 50°,记做 330°/SW∠50°,或记做 240°∠50°(即只记倾向与倾角即可)。如果用方位角罗盘测量但要用象限角记录时,则需把方位角换算成象限角,再作记录。如上述地层产状其走向应为 $\gamma=360°-330°=30°$,倾向 $\beta=240°-180°=60°$。其产状记作 N30°W/SW∠50°,或直接记作 S60°W∠50°即可。在地质图或平面图上标注产状要素时,需用符号和倾角表示。首先找出实测点在图上的位置,在该点按所测岩层走向的方位画一小段直线(4 mm)表示走向,再按岩层倾向方位,在该线段中点作短垂线(2 mm)表示倾向,然后,将倾角数值标注在该符号的右下方。

注意:测量产状时,若岩层层面凹凸不平,可把野外记录本贴在岩层上当作层面进行测量。

3. 目标物方位测量介绍

测量方法是先放松螺旋使磁针自由转动，然后用觇板指向目标，进行瞄准，使目标物、对物觇板小孔、反光镜中间的细丝成一直线，同时使罗盘水准器气泡居中，待磁针静止时，磁针北端所指读数即为所测目标物的方位角。

4. 坡度角测量介绍

先将罗盘横置，使长觇标板与盒面玻璃成一平面，其上短觇标板与之垂直，盒反光镜与盒面玻璃成45°角，并使反光镜对着自己，左手抓住盒子，瞄准目标，使目标、反光镜中透视孔平分线与短觇标尖成一直线，同时，右手操纵测斜仪（垂直刻度指示器），从反光镜中观察到长水准器气泡居中，测斜仪中所指垂直刻度度盘的度数即为目标物的坡度角。

坡度角有仰角（目标比测量点的位置高）和俯角（目标比测量点位置低）。前者记录时用“＋”号，后者用“－”号。

四、作业和思考题

1. 模拟测量岩层（斜板）产状，并将测量结果填在实习报告纸内。
2. 地质罗盘仪的结构组成有哪些？
3. 地质罗盘仪作用有哪些？

实习九　地质图的基本知识和地质图的阅读

一、目的要求

1. 理解地质图的基本知识，初步学会阅读地质图的一般步骤和方法；
2. 通过阅读地质图，建立地质构造的立体概念。

二、说明

(一) 地质图的概念与图式规格

1. 地质图的概念

地质图是一种将出露在地表的各种地质体和地质现象按比例投影到平面图(通常带有地形等高线，即地形图)上，并用规定的符号、色谱、花纹予以表示的图件。

地质图不仅反映地表各种地质体和地质现象的分布，还将区内地层、岩石、构造和矿产等方面形成与发展的时间、空间规律反映出来，包括地下一定深度的地质构造情况。从地质图上，我们可以比较全面地了解一个地区的地层顺序及时代、岩性特征、地质构造(褶皱、断层等)、矿产分布、区域地质特征等内容。因此，地质图是人们认识自然、改造自然的一种重要而最基本的资料，是地学工作者在工作中相互交流的基本语言工具，同时也是指导生产实践，进行区域地质、地理、自然环境研究的重要资料。

2. 地质图的基本构成与图式规格

一幅地质图，除了反映地表各种地质体和地质现象分布的主体图幅外，还应有图名、比例尺、图例和责任表(测制单位和人员、测制日期)。通常还附有图切地质剖面图、综合柱状图。

(1) 地质图的图名

图名表明图幅所在地区和类型。一般采用图内主要市镇、居民点、山岭、山峰、河流等地名名称进行命名。如果比例尺较大，图幅面积较小，地名不为人们所知，则在地名前加上所属省(区)、市或县名。如《杭州地区地质图》、《鹰潭龙虎山地质图》、《南昌梅岭地区地质图》等。

(2) 地质图的比例尺

地质图的比例尺与地形图或地图的比例尺一样，有数字比例尺、线段比例尺和经纬线比例尺。

数字比例尺是用分数表示，分子为 1，分母表示在图上缩小的倍数，如万分之一则写成 1∶10 000，二万五千分之一写成 1∶25 000。分母愈大表示比例尺越小。

线段比例尺是在图上绘一直线如尺状，在该直线上截取若干段、每段标出所代表的实际长度(米或公里)。数字比例尺、线段比例尺一般放在图名下方或图框下方的正中位置。

经纬线比例尺主要用在小比例尺的图上，如一国、一洲或全球地质图。

（3）地质图的图例

图例是地质图上各种地质体和地质现象的符号和标记，用各种规定的符号、色调和花纹来表明地层、岩体的时代和性质（见附录 6“地层代号和色谱”、附录 7“常用构造符号”以及附录 8“常见岩石花纹图例”）。图例要按一定顺序排列。地层图例在前，次为岩石图例，构造图例一般排在最后。

地层图例的排列，从上到下由新到老；如横排，从左向右由新到老。已确定时代的喷出岩、变质岩可按其时代排列在地层图例相应的位置上。

岩浆岩体图例放在地层图例之后。已确定时代的岩体可按由新到老的顺序排列，同时代或未确定时代的各岩类岩体按由酸性到基性的顺序排列。

构造图例，如地质界线、断层线应区分是实测的还是推断的，实测的在前，推断的在后。用以表示地形图的图例一般不列于地质图图例中。

（4）图切地质剖面图

正规地质图均有一幅或几幅剖面图附在地质图的下方。剖面图必须切过图区主要的地层和地质构造。

剖面图的图名以剖面代号表示，如Ⅰ－Ⅰ′、Ⅱ－Ⅱ′、A－A′或 A－B 地质剖面图等。剖面在地质图上的位置用细线标出，两端注上剖面代号。剖面图的两端注上代号（图 9-1）。

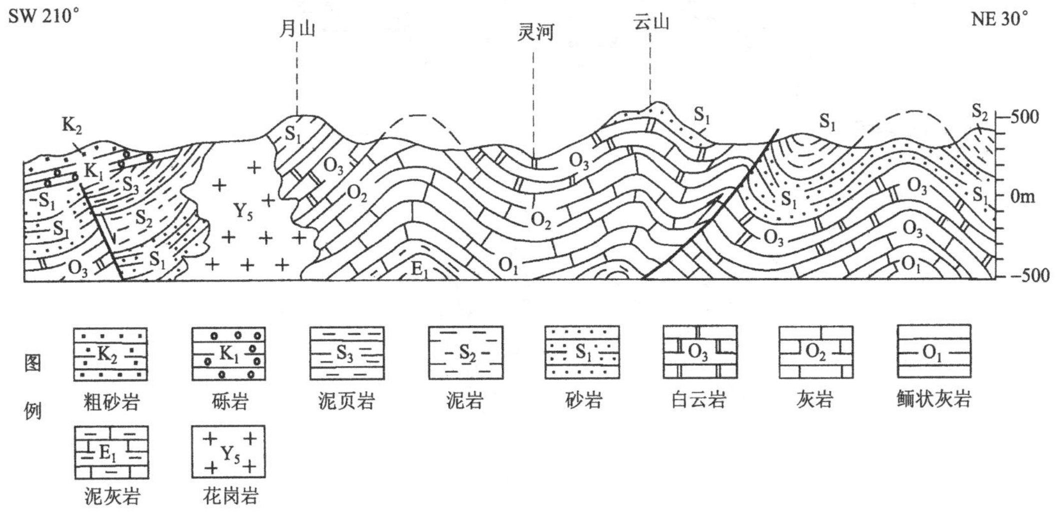

图 9-1 地质剖面图实例

（二）岩层界线在地质图上的表现特征

1. 水平岩层在地质图上的表现特征（图 9-2）

（1）地质界线与地形等高线大致平行或重合；

（2）老岩层出露在地形的低处，新岩层分布在地形的高处；

（3）岩层出露宽度取决于岩层厚度和地面坡度；

（4）岩层的厚度等于其顶、底面位置的高差。

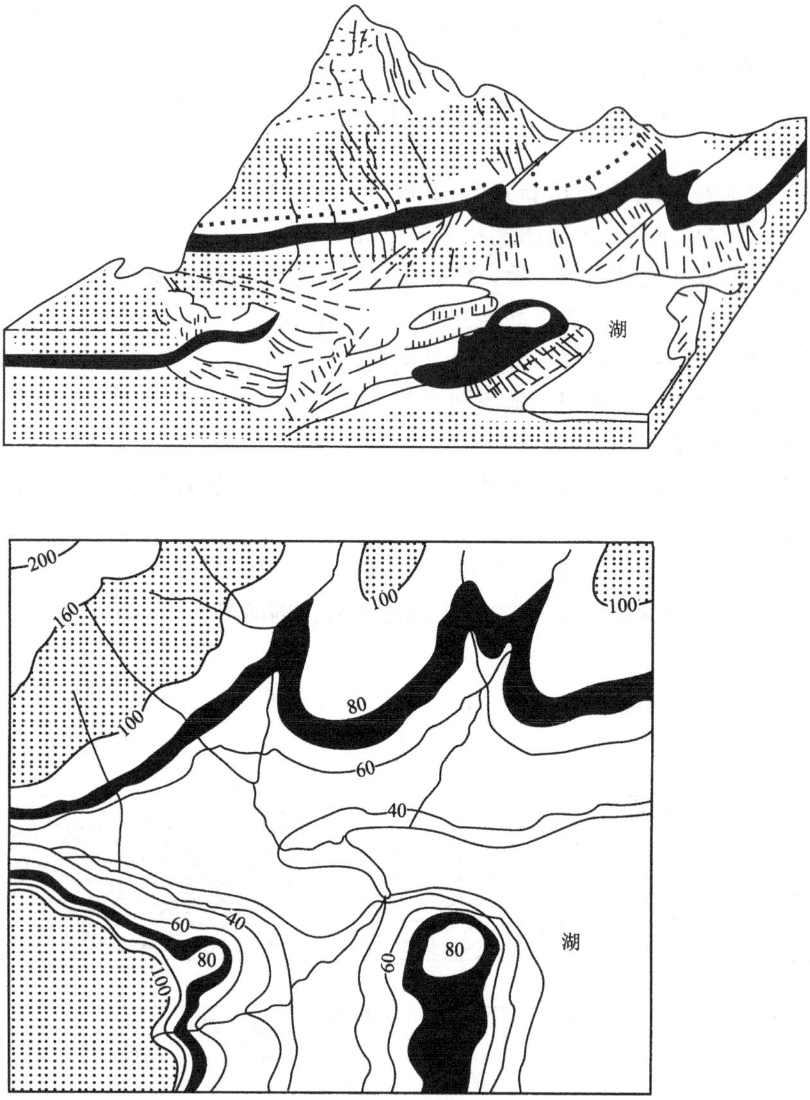

图 9-2 水平岩层露头分布特征

2. 倾斜岩层在地质图上的表现特征

在大比例尺地质图上，倾斜岩层界线在沟谷和山脊处弯曲成“V”字形态。① 当岩层倾向与坡向相反时，沟谷处岩层界线呈尖端指向上游的“V”字形，山脊处呈尖端指向下游的“V”字形，岩层界线的弯曲方向与等高线相同，岩层界线弯曲的紧闭度小于等高线弯曲的紧闭度（**相反相同**：露头线与等高线同向弯曲，且露头线曲率＜等高线曲率）；② 当岩层倾向与坡向一致，且倾角大于坡角时，沟谷处岩层界线的尖端指向下游，山脊处尖端指向上游，岩层界线的弯曲方向与等高线相反（**相同相反**：露头线与等高线反向弯曲）；③ 当岩层倾向与坡向一致，但岩层倾角小于坡角时，河谷处岩层界线的尖端指向上游，山脊处尖端指向下游，岩层界线的弯曲方向与等高线相同，但岩层界线弯曲的紧闭度大于等高线弯曲的紧闭度（**相同相同**：露头线与等高线同向弯曲，且露头线曲率＞等高线曲率）。

3. 直立岩层在地质图上的表现特征

直立岩层在地质图上的地质界线为一条直线，完全不受地形起伏变化的影响。岩层走向就是直线的延伸方向。

注：其他地质界线在地质图上的特征，与以上水平、倾斜和直立岩层的界线具有同样的特点。如岩浆岩侵入体与围岩的界线、矿体与围岩的界线、断层线等。

4. 地层的不同接触关系在地质图上的表现(图 9-3)

(1) 整合接触

上、下地层地质界线互相大致平行，其间无地层缺失。上、下地层的倾向、倾角大约相同。如图 9-3A 中的 C_3、P_1、P_2、T_1、T_2 等地层为整合接触关系。

(2) 平行不整合接触

上、下地层地质界线互相大致平行，其间有缺失某些时代地层。上、下地层的倾向、倾角大约相同。为求醒目，地质图上通常用实线加虚线表示(虚线位于新地层内)。如图 9-3A 中的 K_1 与 T_2 为平行不整合接触关系。

(3) 角度不整合接触

较新地层的下层面界线与较老地层的一个或几个地层界线相接触，前者明显地切断后者。上、下地层的倾向、倾角明显不同。为求醒目，地质图上通常也用实线加虚线表示(虚线位于新地层内)。如图 9-3B 中的 K_1 与 T_2 为角度不整合接触关系。角度不整合反映了重大地质事件的发生，如褶皱变形、地壳隆起抬升和侵蚀破坏等一系列事件的发生。

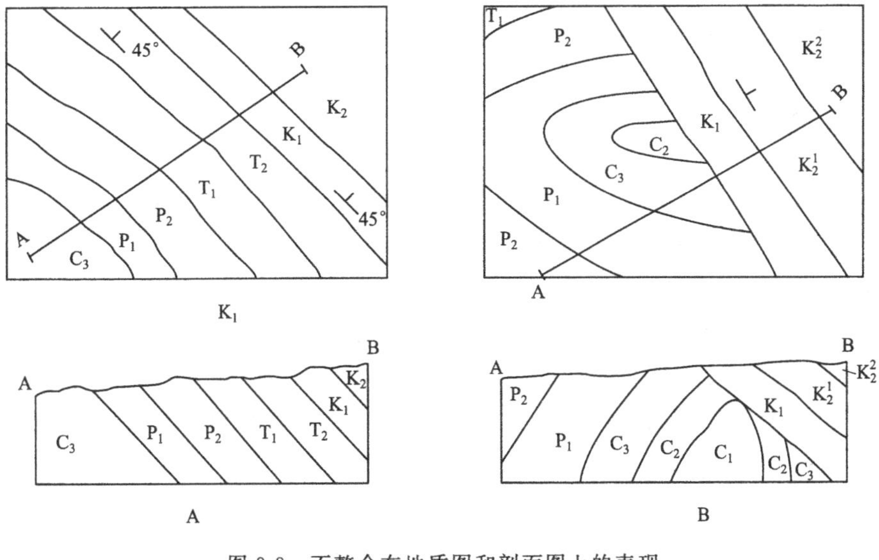

图 9-3　不整合在地质图和剖面图上的表现

A—平行不整合；B—角度不整合

上图为平面图，下图为剖面图

(三) 阅读地质图的方法和步骤

由前面的阐述我们知道，地质图是一种综合性的图件。对这种内容繁多的综合图件，阅读时要由浅入深、循序渐进。现将阅读地质图的方法和步骤简要介绍如下：

首先是了解图框外的内容，包括图名、比例尺、图例、地层柱状图和责任表等。通过这一步骤，我们可以了解图幅区的地理位置、范围大小和制图精度；也可以了解到地质图的编制年月、编制单位和资料来源；特别是可以了解本区有哪些时代的地层、岩石类型、岩性特点以及地层的接触关系，即对地质图幅有一总体的概念。

第二步是分析一下图区的地形特征，包括山脉、水系分布的主要位置和方向特点。在地形地质图上，根据等高线可以了解地形。在无等高线的地质图上，可根据水系、山峰的分布和标高了解地形。

第三步根据地形和各时代地层、岩性、构造的关系，了解各时代地层的分布规律和产状，主要褶皱和主要断层构造的分布规律(总体方向)，岩浆岩体的分布和产状等，从而查明本区总的地质构造轮廓。

第四步在上述基础上，对地层、褶皱、断层、岩浆岩、变质岩及矿产等方面的细节，逐一进行详细分析。

第五步是综合归纳分析研究。地质图中展现的各种地质体和地质现象不是孤立的，它们是这个地区历史演变发展的结果，实质上说是这个地区所经受的各种地质作用的结果。因此，它们之间是有着密切联系的。通过对它们的逐一分析之后，应该进一步找出它们之间的内在联系，分析它们是怎样演变发展成现在所见的情况，即综合本区的地质发展概况。

(四)读图报告编写提纲

1. 图幅和地形简介

简要叙述读图的目的、要求和图幅的基本情况：图幅所在的地理位置、范围、比例尺和图件来源等。

简述图区地形轮廓：山系和水系的分布及方向。

2. 地层

将图区出露的各地层由老到新逐个描述。描述内容包括：地层名称、地层的时代、岩性岩相特征、化石特征、厚度、分布情况以及与下伏地层的接触关系等。

3. 地质构造

在简述构造的总体特点后，对主要的褶皱构造，要按空间分布规律逐个予以简述，描述内容包括：该褶皱名称(地名＋褶皱基本类型)、地理位置、规模、延伸方向；核部位置和组成地层，两翼地层；两翼产状、轴面和枢纽产状；转折端形态和褶皱类型等；遭受断层和岩浆活动破坏、或为较新地层角度不整合覆盖的情况；褶皱形成的时代。

对主要的断层构造，也要按照空间分布规律逐个予以简述，描述内容包括：断层名称(地名＋断层类型，或断层编号)、地理位置、延伸方向、延伸长度；断层两盘的地层、断层面的产状；断层两盘相对位移方向和断距；断层与其他构造(褶皱等)的关系、断层的形成时代及力学成因等。

4. 侵入岩

侵入岩体的名称、岩石类型、产出的构造部位、形态和规模、产状和侵入时代。

5. 地质发展历史

从老到新按地质历史时期顺序，阐述地壳运动、沉积作用、岩浆活动和变质作用等演化发展历史。

三、作业

1. 读周家坡地质图(附图 1)或嘉阳坡地质图(附图 2),分析倾斜岩层的露头界线分布特征("V"字形法则),分析影响岩层露头宽度变化的因素。

2. 读凌河地形地质图(附图 3),认识地层接触关系。

3. 根据附录 5 对地质图(附图 3、附图 5)填充颜色。

实习十　用间接方法确定岩层产状要素

一、目的要求

1. 在地形地质图上求岩层产状要素；

2. 用三点法求岩层产状要素。

二、说明

1. 在地形地质图上求岩层产状要素的方法

此法适用于在大比例尺地形地质图上，而且测定范围内岩层产状稳定的条件下使用。其求解原理如下：

按走向线的定义，在图 10-1 A 的立体透视图中，某砂岩层的上层面与 100 m 和 150 m 高程的两个水平面相交得ⅠⅠ′和ⅡⅡ′两条走向线，沿层面作它们的垂线 AB 为倾斜线，则 AB 与其水平投影 AC 的夹角 α 为岩层的倾角，$C \rightarrow A$ 方向为岩层的倾向。在直角三角形 ABC 中，BC 为两条走向线的高差。

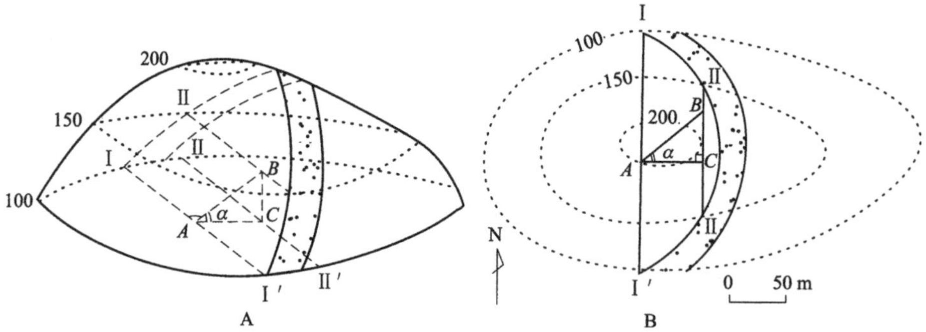

图 10-1　在地形地质图上求岩层产状示意图

A—透视图；B—平面图（地形地质图）

因此，只要能作出同一层面的不同高程且相邻的两条平行的走向线，再根据其高程和水平距，即可求出岩层在该处的产状要素。

在地形地质图上求解步骤如下：

(1) 在图 10-1 B 中连接砂岩层的上层面界线与 100 m 和 150 m 的两条等高线的交点Ⅰ、Ⅰ′和Ⅱ、Ⅱ′，得 100 m 高程的走向线ⅠⅠ′和 150 m 高程的走向线ⅡⅡ′。

(2) 从较高的一条走向线ⅡⅡ′上任取一点 C 作一垂线，与另一条较低的走向线ⅠⅠ′交于 A 点，则 $C \rightarrow A$ 方向代表倾向。

(3) 两走向线ⅠⅠ′和ⅡⅡ′间的高差为 50 m，按地质图比例尺取线段 BC 等于 50 m，得直角三角形 ABC。

(4) 用量角器量出 $\angle BAC$ 的角度，即得岩层倾角 α；量出 $C \rightarrow A$ 的方位角，即得岩层的倾向。

注:其他面状构造(如断层面产状等),也可用此法求得。

2. 三点法求岩层产状要素

当岩层产状平缓或被覆盖而不易用罗盘准确测定产状时,如果测定范围内岩层产状稳定,可根据层面标高资料求岩层产状(三点必须不在同一条直线上)。这就是三点法求岩层产状要素。

从图 10-2 A(立体图)中可以看出,在最高点 A 和最低点 C 的连线上找到与中等高程的 B 点等高的一点 D,即可作出走向线 DB。再过 C 点或 A 点作出 DB 的平行线,即得到另一走向线。根据两走向线的高差和水平距离,则可求出岩层倾角。

在图 10-2 B(平面图)中,已知某岩层面在 A、B、C 三点的高程分别是 187 m、178 m 和 160 m。求解该岩层产状的步骤如下:

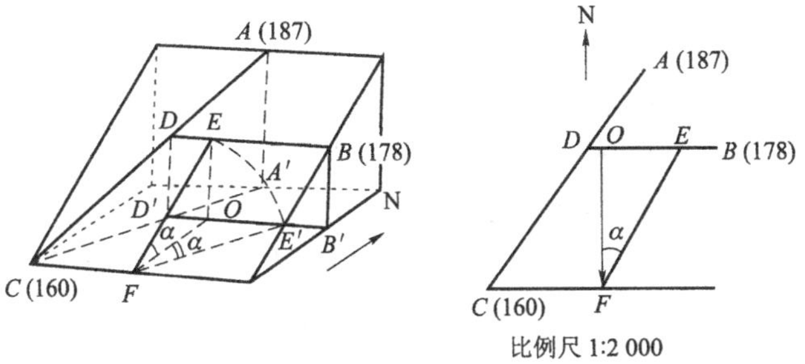

A B

图 10-2 三点法求岩层产状示意图

(1) 连接最高点 A 和最低点 C。根据 A、C 两点的高差和 B 点的高程,用等比例线段法,在 AC 上得到与 B 点等高的 D 点。连接 D、B 得到 178 m 高程的走向线 DB。

(2) 过 C 点作 DB 的平行线,得到 160 m 高程的走向线。在 DB 上取任一点 O,作其垂直线 OF,OF 即为倾向线。由高向低的方向即 $O\rightarrow F$ 方向,就是该岩层的倾向。用量角器量其方位角即得倾向为 180°。

(3) 在 178 m 高程的走向线 DB 上,根据 B、C 两点的高差,按比例尺取线段 OE=18 m/2 000=0.009 m=0.9 cm,连 EF。则$\angle EFO(\alpha)$为该岩层的倾角,用量角器量出倾角 α 为 30°。

三、作业与思考

1. 在周家坡地质图(附图 1)上,求 F 顶面或底面的产状。

2. 在凌河地形地质图(附图 3)上,求 D_2 或 C_1 底面的产状。

3. 在南望山地形图(附图 4)上,用三点法求某一矿层的产状。已知三个钻孔的见矿深度是:ZK_1 为 100 m,ZK_2 为 400 m,ZK_3 为 300 m;该矿层的产状是稳定的。

4. 根据作业 3 所求得的矿层产状,预测设计钻孔 ZK_4 处的见矿深度。

实习十一　图切地质剖面图(一)

——水平、倾斜岩层

一、目的要求

学习绘制水平、倾斜岩层地区图切地质剖面图。

二、说明

1. 图切地质剖面图

剖面图可以直观地反映图区的地层、岩石分布和地质构造状况。剖面图的比例尺应与地质图的比例尺一致。垂直比例尺应与水平比例尺一致，如果放大，则应注明，并且必须对岩层界线等构造线的倾斜角度进行校正。

剖面图的位置一般是西左东右、南左北右。剖面方向应在剖面图的上方标明。剖面所经过的主要山岭、山峰、河流和村镇等重要的地形标志也应在剖面图上方。最好将剖面方向、重要的地形标志排列在同一高度上(图 9-1)。

2. 绘制图切地质剖面图的方法步骤

(1) 选择剖面位置和方向

根据图区地形特征、地层的出露、分布和产状变化及构造特点确定。所作的剖面图应较全的切过图区的主要构造部位，其方向尽量垂直于区内地层走向，有时根据工作的具体需要，选择其他位置和方向。选定后，将剖面线标定在地质图上(图 11-1 上、图 10-2 上)。

(2) 绘地形剖面曲线

在方格纸上定出剖面基线，基线标高一般取比剖面所过最低点低 1～1.5 cm。再将地质图上的剖面线与地形等高线相交的各点一一投影到相应标高位置，用曲线连接相邻点，即得地形剖面曲线(图 11-1 下、图 11-2 下)。

(3) 绘地质剖面

将地质图上的剖面线与地质界线(地层分界线、不整合线等)的各交点投影到地形剖面曲线上，按各界线的产状绘出界线(图 11-1 下、图 11-2 下)。如剖面与界线走向斜交，则应按剖面方向的视倾角绘出界线。

(4) 绘岩性花纹

按岩性绘出各层岩性花纹(参照附录 7 常见岩石花纹图例)。并标明各地层代号和产状(图 11-2 下)。

(5) 整饰

按剖面图格式要求(见实习八)进行整饰。包括写上图名、比例尺，绘制图例，标注剖面方向等(图 9-1)。

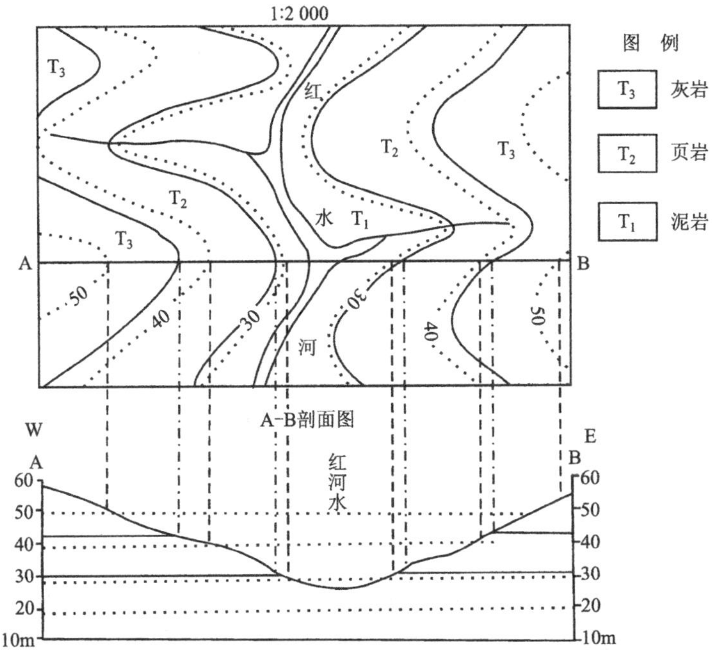

图 11-1　编绘水平岩层地质剖面图示意图

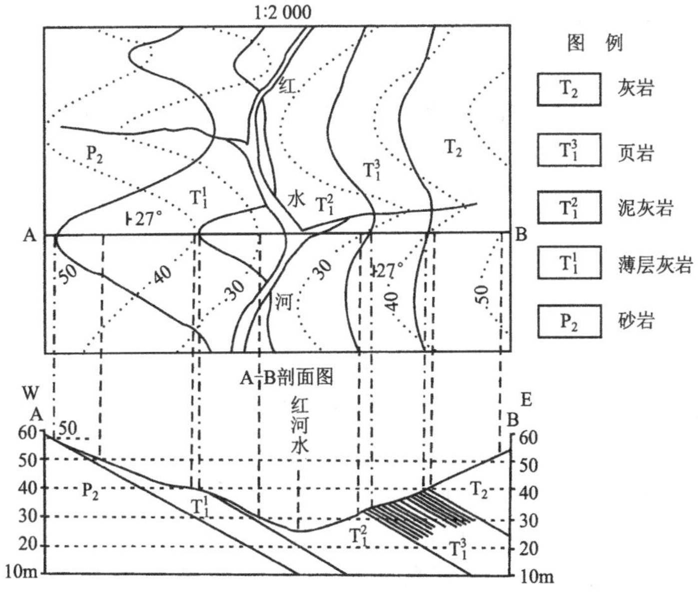

图 11-2　绘制倾斜岩层剖面的方法示意图

三、作业

绘制凌河地质图(附图 3)中 A—B 地质剖面图。

实习十二　图切地质剖面图(二)

——褶皱地区

一、目的要求

1. 初步掌握阅读褶皱发育区地质图的步骤和方法；

2. 学会从地质图上认识和分析褶皱形态、组合特征及形成时代；

3. 学会绘制褶皱区图切剖面图。

二、说明

分析褶皱发育区地质图，除遵循一般的读图方法外，首先是根据地层分布是否有对称重复现象判断褶皱的存在与否。再根据地层新老关系分辨出背斜和向斜。再进而分析褶皱形态、组合特征、形成时代和形成机制等。认识褶皱形态的关键是确定褶皱两翼、轴面和枢纽的产状。

(一) 对单个褶皱的形态分析

1. 区分背斜和向斜

沿着与地层走向垂直的方向进行观察，根据地层的对称重复以及地层新老关系区分背斜和向斜。若在老地层的两侧依次对称分布着新地层，为背斜；若新地层的两侧依次对称分布着老地层，为向斜。通常情况下，背斜和向斜毗邻交互发育。

2. 确定两翼产状

两翼产状主要从地质图上标绘的产状符号直接读出，也可根据地质界线与等高线的关系求出岩层产状。

3. 判断轴面产状

可以通过用赤平投影方法或几何作图的方法较准确地确定轴面产状，也可以根据两翼的产状大致地判断轴面产状。若两翼倾向相反、倾角近似相等，则轴面大致直立。如两翼倾向相反、倾角不等，则轴面是倾斜的，轴面倾向与倾角较小的一翼近于一致，轴面倾角大于缓翼倾角小于陡翼倾角。如两翼倾向相同，则为倒转褶皱，轴面是倾斜的，轴面倾向与倾角较小的一翼近于一致，轴面倾角介于两翼倾角之间。

4. 枢纽产状的确定

当地形近平坦褶皱两翼地层界线平行延伸时，则褶皱枢纽是水平的；如两翼岩层走向不平行，地层界线交会或呈弧形弯曲，说明该褶皱枢纽是倾伏的。背斜的枢纽向界线交会端倾伏，向斜的枢纽向界线交会端扬起(图 12-1)。

另外，核部地层出露的宽窄变化，也能反映出枢纽的产状。背斜核部变窄的方向是枢纽倾伏方向，向斜反之。

在地形起伏很大的大比例尺地质图上，岩层界线受“V”字型法则的影响，不一定反映枢

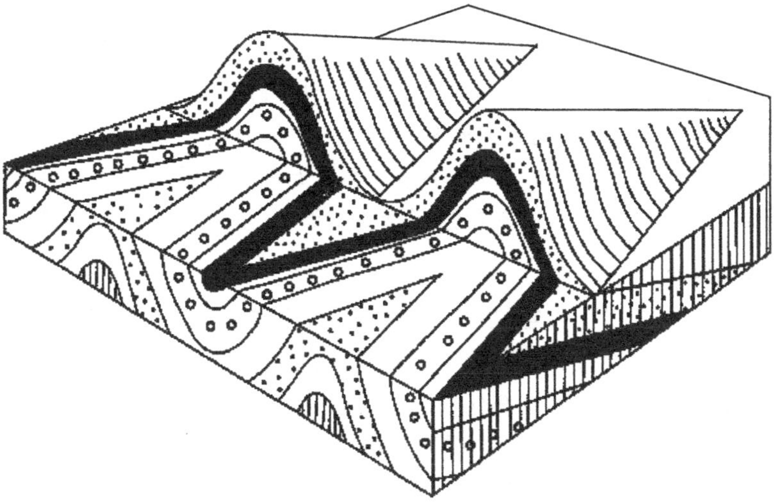

图 12-1　背斜和向斜的枢纽倾伏方向

纽起伏。此时，从褶皱两翼产状、岩层界线分布形态和地形的关系等方向综合起来分析，才能正确认识枢纽产状。

5. 转折端形态的认识

在地形较平坦的地质图上，背斜褶皱倾伏处或向斜褶皱扬起处的弯曲形态大致可以反映褶皱转折端的形态。

6. 翼间角和褶皱紧闭程度的判定

根据两翼岩层的倾向与倾角，可大致地用几何作图的方法估测出翼间角的大小，再据其翼间角的大小范围对褶皱紧闭程度作出定性描述。

7. 轴迹和褶皱平面形态的确定

褶皱各相邻岩层的倾伏端点（或扬起端点）的连线，即是轴迹。轴迹所示方向显示褶皱的延伸方向，轴迹的长短显示褶皱在平面上分布范围的大小。岩层的界线沿轴迹方向的长度与垂直轴迹方向的宽度之比，即褶皱的长、宽比。据此可将褶皱描述为线状褶皱、短轴褶皱和等轴褶皱。

（二）褶皱组合类型的识别

在逐个分析区内背斜、向斜之后，按区内同一构造层各褶皱的轴迹排列规律和剖面上褶皱的组合特征，描述褶皱组合型式。如隔档式褶皱、隔槽式褶皱、雁列式褶皱、复式背斜褶皱、复式向斜褶皱、穹盆构造等。

注：构造层，是指某一区域内在一定的地质历史时期形成的，经历过基本相同的构造运动变形历史而具有类似地质构造特征的一套地层。

（三）褶皱形成时代的确定

主要根据地层间的角度不整合接触关系来确定。某一不整合面以下的褶皱，形成于构成褶皱的最新地层时代之后，不整合面以上最老地层时代之前。

（四）与褶皱有关的断层和侵入岩体的时代确定

区域性的褶皱通常是在重要的构造运动变形中形成，造成地壳上升，其中还伴有断层发生。在大断层发生的基础上常导致深部岩浆向上侵入。

褶皱运动造成的地壳上升导致大面积的风化和剥蚀。随着地壳下降，新的沉积物覆盖其上，这样就形成了新老两套地层之间的角度不整合接触面。

因此，研究角度不整合对确定有关的断层和侵入岩体时代有重大意义。概括说来，它们形成于不整合面以下最新地层时代之后、不整合面以上最老地层时代之前。此外，岩体与岩体间的相互穿插关系和岩体本身的同位素年龄测定等，也是时代确定的依据。

（五）褶皱的描述

褶皱的描述一般包括以下内容：褶皱名称（地名加褶皱类型）、分布地点及范围、规模、延伸方向、核部地层、及两翼地层；两翼产状、翼间角、轴面产状、转折端形状、枢纽产状、褶皱分类；次级褶皱分布及其特征、与周围其他构造的关系；褶皱形成时代等。

现举暮云岭背斜褶皱（见附图 5）的描述为例：

暮云岭背斜褶皱，位于暮云岭西段的南侧，呈 NE-SW 向延伸（约 50°）。宽约 700 m，长约 2 700 m，长宽之比约为 4∶1，为短轴背斜褶皱。核部为下石炭统细砂岩，两翼由内向外依次为中石炭统灰岩、上石炭统砂岩以及二叠系灰岩和硅质页岩。

北西翼倾向约 315°，倾角 60°—25°；南东翼倾向约 135°倾角 40°—25°；可见翼间角约 90°，为开阔褶皱。北西翼较陡，南东翼较缓，因此其轴面的倾向为南东方向，倾角约 75°。地层界线在两端都呈圆弧形闭合，可见其转折端呈圆弧形弯曲，枢纽向 NE、SW 两端倾伏而中间拱起。在南西端褶皱一分为二成两个次级背斜，其间夹一个次级向斜，呈复式背斜型式。

综上所述，该褶皱为转折端圆滑的开阔的斜歪背斜褶皱，枢纽向两端倾伏，属于褶皱位态分类中的斜歪倾伏褶皱。北西和南东两侧都有向斜褶皱相邻。构成该背斜以及周围同一构造层其他褶皱的最新地层为上二叠统，上覆于该套地层之上的最老地层为中侏罗统。因此，暮云岭背斜褶皱形成于晚二叠世之后，中侏罗世之前。

（六）褶皱地区剖面图的绘制

褶皱构造剖面有两种：铅直剖面和正交剖面。

铅直剖面是垂直于水平面横切褶皱延伸方向的剖面（故又称横剖面），适用于反映褶皱在铅直面上的形态特征。正交剖面是垂直于褶皱枢纽的剖面（又称横截面），能比较真实地反映构造变形复杂地区（变质岩区）枢纽倾伏角较大的褶皱形态。

铅直剖面是常用的剖面图。以下说明铅直剖面的绘制方法。

1. 选择剖面线

剖面线应尽量垂直于褶皱轴迹的延伸方向，并能通过全区主要褶皱构造。剖面线选定后应标绘在地质图上。

2. 标出褶皱位置

背斜用“∧”、向斜用“∨”符号标示出轴迹位置。如果有次一级褶皱，将其轴迹延长与剖面线相交，在相交处用同样方法标示出核部位置上（图 12-2）。

3. 绘出地形剖面

绘制方法同实习十。

4. 绘出褶皱形态

将地质图上的各交点投影到地形剖面曲线上，将剖面线上的剖面线与地层界线投影到

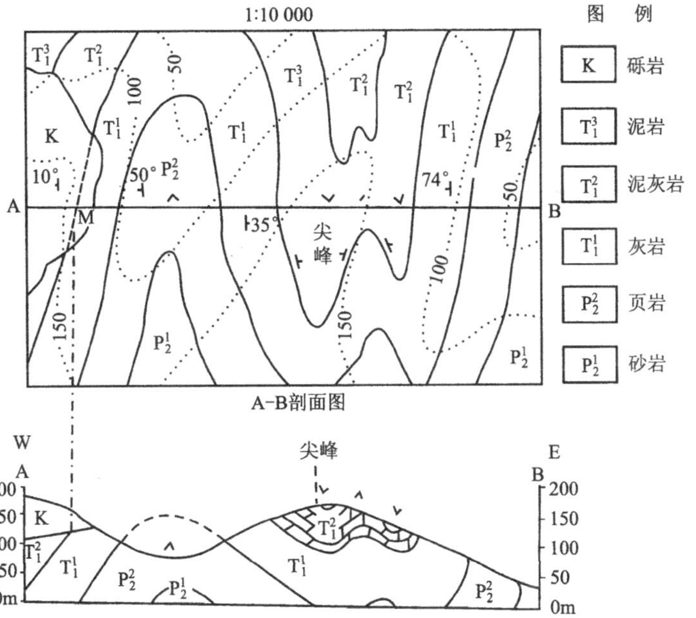

图 12-2　褶皱构造剖面图的绘制

地形剖面曲线上，剖面线与褶皱轴迹的交点也投影到地形剖面曲线上，然后再按各界线的产状绘出界线和褶皱构造形态(图 12-2 下)。在绘出界线和褶皱构造形态时应注意以下几点：

(1) 剖面切过不整合界线时，先画不整合面以上的地层和构造，然后再画不整合以下地层界线。如有被不整合界线截切的界线，在地质图上把其延至剖面线上相交，将交点投影于不整合面绘出(图 12-2 下)。

(2) 剖面线切过断层时，先画断层线，然后再画断层两侧的地层和构造。

(3) 剖面线与地层走向斜交时，应将岩层倾角换算成视倾角。

(4) 作图顺序应从褶皱核部开始，依次绘出两翼上各层。

(5) 如各层倾角相差较大时，则在地表按地表测量产状绘出，向深处按岩层厚度保持基本不变的原则调整局部产状，使之协调(图 12-3)。

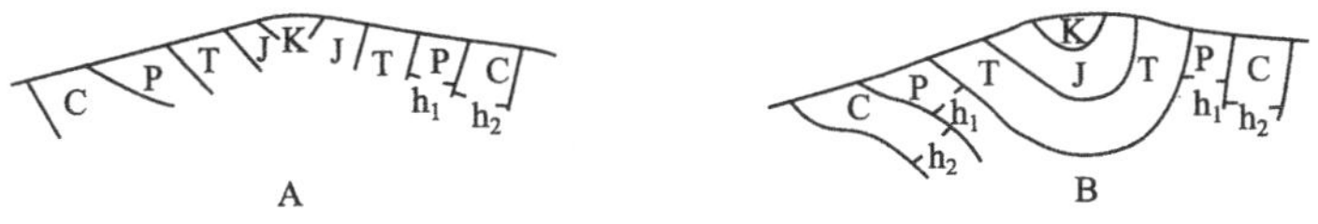

图 12-3　校正岩层局部产状

(根据同一岩层厚度不变校正同翼岩层产状)

A—校正前；B—校正后

(6) 根据地质图上褶皱倾伏端的界线形态近似地确定褶皱转折端的形态。轴面直立或近于直立的褶皱，可根据枢纽倾伏角作纵向切面求出转折端的深度(图 12-4)。一般情况下，可根据两翼产状和褶皱形态，合理推测转折端的深度。

5. 整饰

方法同实习十。

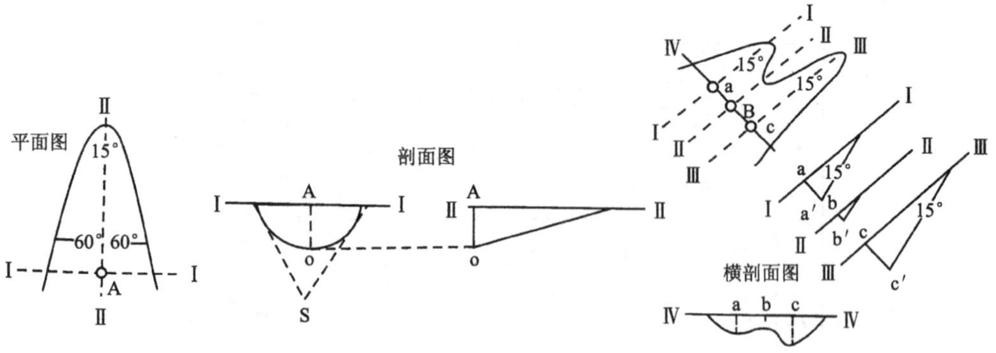

图 12-4　绘制褶皱转折端深部位置的方法

三、作业

绘制暮云岭地质图(附图 5)A—B 剖面图。

实习十三　编制地层柱状图

一、目的要求

1. 了解地层柱状图及该图的实际意义；

2. 初步练习编制地层柱状图。

二、实习内容

运用层序地层律和地质年代表的知识，了解制作地层综合柱状图的内容和意义，学习编制地层综合柱状图。

三、实习工具

厘米纸、直尺、铅笔、小刀、橡皮。

四、重点提示

1. 地层综合柱状图的定义

地层综合柱状图是以柱状剖面形式，系统表示一定区域内各地质时代地层的岩性、厚度和接触关系的一种图件。即根据一定比例尺和使用图例符号，按下老上新的层序，把某地区各地层的岩性、厚度、接触关系等，用柱状图表的方式表示出来的图件。由于它是测制地质图的首要依据，故许多地质图特别是区域地质图，常在图幅左侧附上地层柱状图。

2. 意义

(1) 研究区地层、厚度、岩性、岩相古地理、古生物的总结；

(2) 有助于研究区地壳活动规律、沉积环境、岩浆活动、地质演化史或地球动力学过程的恢复。

3. 地层柱状图内容和规格

地层柱状图通常有约十项内容，分别在图中列为不同直栏（图 13-1）。由于各地区情况不尽一致，有些项目可以归并，有的地层柱状图还可新立项目（如将水文地质或地貌单独列项）。

其格式如下（下列各栏的宽度供本次实习参照使用，实际工作中可根据图件大小和填写内容的多少进行适当调整）：

(1) 图头、比例尺（居上部中间位置）；

(2) 各直栏内容：

① 地层单位（界、系、统各 1 cm 宽，组 3 cm 宽）：在柱状图上用它来反映该区存在地层的形成时代，具体划分依据地质年代表和研究区相关资料；

② 代号（1 cm 宽）：目的是使读者迅速了解地层的时代；

③ 厚度（单位一般为 m，栏宽 1 cm）：指各对应横栏地层的厚度；

④ 地层柱(2.5 cm 宽):按常用的一些岩性花纹符号来代表各种岩性地层;

⑤ 层序(分层号,1 cm 宽):从下往上(即由老到新)依次编号;

⑥ 岩性描述(5 cm 宽):简要地描述该地层所含岩石,包括颜色、结构、构造、成分、岩石名称等;

⑦ 化石(1～2 cm 宽):化石是鉴定地层时代的主要根据,因此必须把地层所含化石的名称列上;

⑧ 矿产(1～2 cm 宽):把该地层所含的各种矿产注上,不得遗漏;

⑨ 其他(1～2 cm 宽):一般包括各对应横栏地层的水文地质、地貌等方面的资料和信息等。

此外,在单独编制的地层柱状图上,还必须将制图人姓名及所在单位、制图日期等填入责任表,以示负责。

地层单位				代号	厚度(m)	地层柱	层序	岩性描述	化石	矿产	其他
界	系	统	组								
1 cm	1 cm	1 cm	3 cm	1 cm	1 cm	2.5 cm	1 cm	5 cm	1～2 cm	1～2 cm	1～2 cm

图 13-1 地层柱状图框架基本组成

五、制作步骤

1. 根据各个分层的地层厚度、总的厚度及岩性种类,确定适当比例尺和图例。

2. 在作业纸上按照上述表格栏目宽度制作图框、各栏目纵线和图头。

3. 在图的上方标注图名和比例尺。

4. 根据各分层厚度,按比例尺截取柱状图各地层的长度。个别厚度较大而岩性单调者,可用省略号缩短其在柱状图上的长度。某些厚度虽小但意义重大者(如矿层、标志层等),可适当夸大表示。

5. 填写地层年代、地层代号、厚度等栏目。

6. 用规定的界线符号标明各个地层之间的接触关系。

7. 用规定的花纹与符号在柱状图上填注岩性与化石。如有侵入岩体,则根据其产状画在相应地层的边缘。

8. 完成岩性描述、化石等栏目文字内容。

9. 在图的右侧画出岩性花纹与符号的图例说明(1 cm×0.8 cm)。

10. 在图的左下方绘制图区位置及剖面位置图。

11. 在图的右下方绘制责任表(包括图名、资料来源、制图人、审核人、制图日期等)。

六、作业

1. 利用附录2资料,根据上述要求与步骤,制作南京市湖山地区的地层综合柱状图;

2. 根据各时代地层的岩性、化石等特点和地层间的接触关系,简单分析本地区自泥盆纪到第四纪的海陆变迁和构造运动历史。

实习十四　综合实习(参观地质博物馆)

一、目的要求

通过对地质博物馆的参观,让学生认识和了解博物馆所藏的典型和珍贵的动植物化石和岩石、矿物标本,扩大知识面,增进对地质学的理解和热爱,提高学习兴趣。

二、实习内容

东华理工大学地质博物馆始建于1986年,2004年扩建改造,2005年批准为江西省青少年科普教育基地。博物馆展厅面积1 600 m^2,已建成"生命演化展示厅"和"基础地质厅"。积累了各类地学标本4 000多件,珍稀标本数百件,其中有南极的岩石和植物标本,有深海的沉积物岩心柱、多金属结核,有大型恐龙和哺乳动物骨架,有精美的矿物晶体、宝玉石和观赏石等。

学生在博物馆工作人员引导下,通过参观各个展区,着重对地质作用、矿物、岩石、构造、化石、矿床、江山实习基地等部分进行详细观察,达到加强课堂所学知识综合理解的目的。

三、作业

写一篇关于地质博物馆展品内容及参观体会的短文,字数2 000字左右。

附录1　常见矿物的主要特征

一、硫化物类

方铅矿(PbS)

晶体完好,单晶常呈立方体,集合体为粒状或致密块状。颜色铅灰色,条痕为灰黑色,金属光泽。硬度2～3。相对密度7.4～7.6 。有三组立方体完全解理,沿解理面易破裂成立方体,性脆。

鉴定特征:具三组正交的立方体完全解理,相对密度大,可以与其他铅灰色矿物,如辉锑矿、辉钼矿等区别。

闪锌矿(ZnS)

晶体呈四面体(极少见),常为致密块状或粒状集合体。随着含铁(Fe^{2+})量的增高,颜色由无色—浅黄—褐黄—黄褐—棕黑色;条痕比颜色浅,由白色到褐色;光泽由树脂光泽—半金属光泽;透明至半透明,硬度3.5～4,相对密度2.9～4.2(随含铁量的增加而降低)。有六组完全解理(多面闪光)。

鉴定特征:条痕,六组完全解理,较小的硬度,可与黑钨矿、锡石等区别。

辉锑矿(Sb_2S_3)

晶形常呈斜方柱形长柱状、针状。柱面上具有纵纹。集合体一般为束状、柱状、针状、放射状,少数为柱状晶簇。铅灰色,条痕黑色。金属光泽。硬度2～2.5,相对密度4.51～4.66。一组柱面解理完全,解理面上常有横纹。

鉴定特征:根据柱状晶形、一组解理及解理面上常有横纹,与方铅矿区别。

黄铜矿($CuFeS_2$)

完全晶形极少见,常呈粒状,致密块状集合体。颜色铜黄色,表面有时见蓝、紫、褐色等斑杂锖色(假色)。条痕绿黑色,金属光泽。硬度3.5～4,小刀能刻破,相对密度4.1～4.3。性脆,无解理,断口参差状。

鉴定特征:黄铜矿与无晶形的黄铁矿,可根据黄铜矿新鲜面颜色深和较低的硬度来区别。

黄铁矿(FeS_2)

晶形常呈立方体和五角十二面体,常具有三组互相垂直的晶面条纹。集合体为粒状,致密块状。浅铜黄色,表面常有黄褐色的锖色(假色)。条痕绿黑或褐黑色,金属光泽,硬度6～6.5,相对密度4.9～5.2。性脆,无解理,断口参差状。

鉴定特征:根据完全的晶形和晶面条纹,浅铜黄色,较大的硬度,可与黄铜矿区别。

口诀:

黄铜黄铁似兄弟,金黄浅黄真美丽;

条痕色黑皆性脆,金光闪闪多威仪。

刀子面前显高低,黄铜屈服铁无异;

风化面上露本性，黄铁变褐铜生绿。

二、氧化物和氢氧化物类

石英(SiO_2)

石英是以 SiO_2 为成分的一族矿物的统称。主要有 α 石英、β 石英，还有隐晶质的玉髓和胶态含水的蛋白石等。α 石英常呈柱状，由六方柱(m)和菱面体(R，r)等单形组成的聚形，在柱面上常具横纹；β 石英常呈六方双锥状。

石英常发育成单晶并形成晶簇，或成致密块状或粒状集合体。纯净的石英无色透明，称为水晶。石英因含杂质可呈各种色调，如含 Fe^{3+} 呈紫色者，称为紫水晶；含有细小分散的气态或液态物质呈乳白色者，称为乳石英。石英晶面为玻璃光泽，断口为油脂光泽，无解理，贝壳状断口。硬度 7，相对密度 2.65。

隐晶质的石英称为石髓(玉髓)，常呈肾状、钟乳状及葡萄状等集合体。一般为浅灰色、淡黄色及乳白色，偶有红褐色及苹果绿色。微透明。具有多色环状条带的石髓称为玛瑙。

鉴定特征：根据形态、硬度、无解理、断口的光泽、不易风化等，可与长石、方解石等矿物相区别。

赤铁矿(Fe_2O_3)

晶形少见，集合体常呈致密块状；胶状者常呈鲕状、豆状和肾状。呈片状晶形者称为镜铁矿。具有晶形者为钢灰色至铁黑色，隐晶质或粉末状者呈红色。条痕为樱红色或红棕色。半金属光泽，晶体硬度 5.5～6，隐晶质者硬度小于小刀，无解理，相对密度 5.0～5.3，无磁性。

鉴定特征：根据条痕、无磁性可与磁铁矿区别。

磁铁矿(Fe_3O_4)

完好晶体形常呈八面体、菱形十二面体，集合体为致密块状或粒状，颜色为铁黑色，条痕黑色，半金属光泽，不透明。硬度 5.5～6，相对密度 4.52～5.20。无解理，具强磁性。

鉴定特征：根据颜色、条痕及强磁性与赤铁矿区别。

褐铁矿($Fe_2O_3 \cdot nH_2O$)

实际上不是一种矿物而是多种矿物的混合物，主要成分是含水的氢氧化铁，并含有泥质及二氧化硅等。常呈肾状、钟乳状、葡萄状、结核状、土块状、粉末状集合体。颜色浅褐色至褐黑色，条痕褐色，半金属光泽至土状光泽。硬度不一(1～5)。

鉴定特征：根据形态、颜色、条痕可与赤铁矿、磁铁矿、软锰矿等区别。

软锰矿(MnO_2)

晶形少见，常为块状、土状、粉末状集合体。黑色，表面常带浅蓝色的锖色(假色)。条痕黑色，半金属光泽，隐晶质胶粉末状者则光泽暗淡。硬度 6～2(结晶—隐晶质块状)，易染手，相对密度 4.7～5.0。

鉴定特征：软锰矿与硬锰矿常共生，一般根据其低的硬度，易染手可以区别。

三、卤化物类

萤石(CaF_2)

晶形常见完好的立方体，少数为菱形十二面体和八面体，集合体粒状、块状。颜色多样，无色者少见，常为紫、绿、蓝、黄色。透明，玻璃光泽。硬度4，相对密度3.10。四组八面体完全解理，易沿解理面破裂成八面体小块。

鉴定特征：根据晶形、颜色、解理、硬度可与方解石重晶石、石英等区别。

四、碳酸盐类

方解石($CaCO_3$)

纯净的透明方解石称冰洲石。常见晶形为菱面体、六方柱，常见集合体为晶簇状、致密块状、粒状、钟乳状等。纯净的方解石无色透明或白色，但因含杂质而呈现浅黄、浅红(含Co、Mn)、绿(含Cu)、蓝(含Cu)、褐黑等色。玻璃光泽，硬度3，相对密度2.6～2.8。三组解理好，易沿解理面分裂成为菱面体。遇冷稀盐酸剧烈起泡。

鉴定特征：根据晶形、解理、低的硬度以及遇冷盐酸起泡等特征，可与石英、重晶石、萤石、斜长石等相似矿物相区别。

白云石 $CaMg[CO_3](OH)_2$

单晶为菱面体，通常为块状或粒状集合体。一般为白色，因含Fe常呈褐色。玻璃光泽。硬度3.5～4。解理好。相对密度2.86，含铁高者可达2.9～3.1。

鉴定特征：白云石在冷稀盐酸中反应微弱，硬度稍大而与方解石相区别。

孔雀石 $Cu_2[CO_3](OH)_2$

常为钟乳状、块状集合体，或呈皮壳附于其他矿物表面。深绿或鲜绿色，条痕为淡绿色。晶面上为丝绢光泽或玻璃光泽。硬度3.5～4。相对密度3.5～4.0。遇冷稀盐酸剧烈起泡。

鉴定特征：孔雀石以其特有颜色而易与其他矿物相区别。

五、硅酸盐类

橄榄石[$(Mg,Fe)_2SiO_4$]

晶形完好者少见，一般为他形粒状集合体。浅黄、黄绿色至黑绿色，玻璃光泽，断口为油脂光泽。硬度6.5～7，相对密度3.3～3.5。

鉴定特征根据其粒状外形及特殊的绿色、光泽及断口光泽(油脂光泽)来识别。

普通辉石 $Ca(Mg,Fe,Al)[(Al,Si)_2O_6]$

晶形常呈短柱状，横断面近于正八边形，集合体常为粒状—致密块状。黑绿色，少数为褐黑色，玻璃光泽。硬度5～6，相对密度3.22～3.38。平行柱面的两组解理完全，夹角87°(93°)。

鉴定特征：根据短柱状晶形，颜色和解理，可与普通角闪石等相似矿物相区别。

普通角闪石 $(CaNa)_{2-3}(Mg,Fe,Al)_5[Si_6(Si,Al)O_{22}](OH,F)_2$

晶体常呈长柱状或针状，单体的横截面为近菱形的六边形。暗绿一绿黑色，玻璃光泽。硬度5.5～6，相对密度3.0～3.4。平行柱面的两组解理交角为124°(56°)。

鉴定特征：根椐晶形、横截面形状、颜色、解理及其夹角，可与普通辉石相区别。

正长石 $K[AlSi_3O_8]$

单晶为短柱状或不规则粒状，常见卡氏双晶，集合体为块状。常为肉红色、浅黄红色及白色，玻璃光泽。硬度6，相对密度2.56～2.58。两组解理正交，一组完全，另一组中等。

鉴定特征：根据晶形、双晶(卡氏双晶)、颜色、硬度、解理，可与石英、方解石相区别。

斜长石 $Na[AlSi_3O_8]-Ca[AlSi_3O_8]$

通常呈板状及板状集合体，在岩石中常呈板状或不规则粒状。肉眼可观察到聚片双晶，白色至灰白色，玻璃光泽。硬度6～6.5，相对密度2.55～2.76。两组解理完全，交角86°24′～86°50′。

鉴定特征：用肉眼区别斜长石与钾长石（正长石）的可靠依据是斜长石具聚片双晶。在岩石中的斜长石，根据双晶，有无解理及透明度，可与石英区别。

黑云母 $K(Mg,Fe)_3[AlSi_3O_{10}](OH,F)_2$

一般呈片状、鳞片状集合体，也有板状集合体，深褐色、黑色，玻璃光泽。硬度2.5～3，相对密度2.7～3.3。一组解理极完全。

鉴定特征：根据颜色可与白云母区别。

白云母 $KAl_2[AlSi_3O_{10}](OH)_2$

形态特征同黑云母，一般为无色透明，因含不同杂质有不同的色调，含铬或铁时带绿色，含Fe^{3+}、Ti时呈红色。玻璃光泽，解理面显珍珠光泽。硬度2.5～3，相对密度2.76～3.10。一组解理极完全。薄片具弹性。

鉴定特征：根据易裂成薄片（一组极完全解理）和薄片具弹性及较浅的颜色，可与其他矿物相区别。

呈细小鳞片状集合体的白云母称为绢云母。

高岭石 $Al_4[Si_4O_{10}](OH)_8$

高岭石为高岭土的主要组成矿物，多为隐晶质致密块状和土状集合体。致密块状者为白色，有时因含各种杂质而带有浅黄、浅褐、红、绿蓝等色。土状光泽，硬度1，相对密度6.1～2.68。干燥时易搓成粉末，干燥时有吸水性（粘舌），潮湿后有可塑性，但不膨胀。

鉴定特征：根据致密土状块体易于以手捏碎成粉末，吸水性、加水具可塑性而不膨胀，区别于其他相似矿物，如蒙脱石（加水膨胀，体积增加数倍）。

滑石 $Mg[Si_4O_{10}][OH]_2$

通常呈致密块状、鳞片状集合体。纯者为白色，有时微带浅黄、浅绿色调的白色。玻璃光泽。硬度1，相对密度2.58～2.83。片状者一组解理完全，致密块状者为贝壳断口，富有滑腻感。

鉴定特征：低硬度，滑腻感，片状滑石具完全解理可与块状蛇纹石等区别。

石榴子石 $A_3B_2[SiO_4]_2$（注：A——二价的钙、镁、铁、锰，B——三价的铝、铁、铬、钛）

常见有菱形十二面体、四角三八面体，集合体呈粒状、致密块状。多为黄褐、褐色、红褐色至褐黑色。玻璃光泽。硬度6.5～8.5，无解理。

鉴定特征：晶形，断口光泽，高硬度、无解理，可与其他矿物区别。

六、硫酸盐类

重晶石（$BaSO_4$）

完全晶形常呈板状、柱状，集合体为板状，少数致密块状。纯者晶形为无色透明，一般为白色、灰色，可因含杂质而呈浅黄、浅褐色等。条痕白色，玻璃光泽。三组解理完全。硬度3～3.5，相对密度4.3～4.5。

鉴定特征：根据晶形、解理、相对密度大，遇盐酸不起泡与方解石、萤石、长石、石英等区别。

石膏($CaSO_4 \cdot 2H_2O$)

完好晶形常呈板状、片状,集合体多呈致密状或纤维状(纤维石膏)。通常为白色及无色,无色透明晶形称透石膏,因含杂质而呈灰、浅黄、浅褐等色。条痕白色。玻璃光泽,解理面呈珍珠光泽;纤维石膏呈丝绢光泽。硬度 2,相对密度 2.317。具一组极完全解理和两组中等解理。

鉴定特征:根据形态、解理、硬度以及遇盐酸不起泡等特征,可与方解石、重晶石等相似矿物相区别。

七、磷酸盐类

磷灰石 $Ca[PO_4]_3(F,Cl,OH,CO_3)$

晶形完好者呈六方柱状、板状,集合体为粒状、致密块状。纯净者无色透明,一般呈黄、黄褐、绿等色。玻璃光泽,断口油脂光泽。硬度 5,相对密度 3.18~3.21。平行六方柱底面和柱面的解理不完全。加热后常可出现磷光。

鉴定特征:磷灰石晶体颗粒大时,根据其晶形、颜色、光泽、不完全解理和硬度以及发光性,可与绿柱石、石英等相似矿物相区别。若颗粒细小,在标本上加浓硝酸和钼酸铵,若含磷即产生黄色沉淀(含 P_2O_5 千分之几就有明显反应)。

附录 2　南京市湖山地区的实际资料

上泥盆统五通组(D_{3w})　灰白色石英砂岩，顶部有杂色砂、页岩，在页岩产获亚鳞木化石。本组底部尚未出露地表。　厚度大于 80 m

下石炭统　从下往上分为四组：

金陵组(C_{1J})　灰黑色灰岩，底部有含铁石英砂岩，产乌拉珊瑚及金陵穹房贝化石，与下伏地层的接触关系过去认为是假整合，近几年开始提出整合的观点。　60 m

高骊山组(C_{1g})　杂色砂、页岩，产亚鳞木及舌形贝化石。　30～50 m

和州组(C_{1h})　灰黄色泥灰岩，产袁氏珊瑚和大长身贝化石。　0～18 m

老虎洞组(C_{1l})　肉红色白云岩，产不规则石柱珊瑚化石。　4～10 m

中石炭统黄龙组(C_{2h})　灰至肉红色灰岩，产小纺锤虫化石。　65～88 m

上石炭统船山组(C_{3c})　灰色灰岩，产犬齿珊瑚化石。　40 m

下二叠统　从下往上分两组：

栖霞组(P_{1q})　灰黑色含燧石结核灰岩，产早坂珊瑚化石。　150 m

孤峰组(P_{1g})　灰黑色硅质页岩与燧石层，产菊石化石。　20 m

上二叠统　从下往上分两组：

龙潭组(P_{2l})　砂、页岩夹煤层，产大羽羊齿化石。　130～150 m

大隆组(P_{2d})　页岩、硅质页岩夹燧石层，产假提罗菊石与戟贝。　24 m

下三叠统下青龙组(T_{1ql})　灰色薄层灰岩与黄绿色钙质页岩互层，产蛇菊石与克氏蛤化石。　192 m

中三叠统上青龙组(T_{2ql})　灰色薄层灰岩，产多瑙菊石化石。　354 m

全新统(Q)　灰、灰黄色亚粘土、砂土和砾石层，下与各老地层均呈角度不整合接触。　0～20 m

附录3 抚州温泉地区课间野外实习

一、目的要求

通过野外现场观察学习，对三大岩类(沉积岩、岩浆岩与变质岩)主要特征、褶皱、断裂、热液矿床、岩石风化现象及花岗岩的风化壳结构，暂时性流水对岩石与地形的破坏等地质现象进行观察，地质罗盘野外测量产状方法等，为在普通地质学中学习各种地质作用知识建立感性认识，并巩固已初步学到的矿物、岩石知识。

二、实习地点

位于抚州市西郊温泉乡青莲山水库一带。离东华理工大学杭州校区约19 km。

三、各观察点实习内容

观察点1 青莲山顶，全区地质构造、构造角砾岩观察点

在本观察点上，要介绍实习地区处于抚州——崇仁红盆地西北侧大断裂上。沿断裂带构造发育，并有一系列温泉分布，还有一些热液充填型矿床产于其中。在本点还要着重观察构造岩(特别是其中的断层角砾岩)。

观察点2 青莲山水库坝下左侧，花岗岩及风化壳观察点

注意花岗岩的岩石特征(矿物成分、结构及构造等)，观察从沟底到山坡，岩石的不同风化程度及其所反映出的风化壳结构。

观察点3 青莲山水库坝下左侧，重晶石矿脉观察点

在矿脉观察中，要着重观察矿物，巩固课堂和实习课所学矿物知识及肉眼鉴定矿物的能力，进一步熟悉石英、重晶石、萤石、方铅矿、闪锌矿及褐铁矿等矿物。

观察点4 青莲山水库大坝处，碎屑岩及构造观察点

碎屑岩包括砾岩、砂岩、粉砂岩与泥岩。识别背、向斜时，要系统测量岩层产状，从而在本点上还要花较多时间练习地质罗盘的使用。

观察点5 青莲山水库北端变质岩观察点

这里都是浅变质岩，主要是千枚岩，其次是千枚状砂岩、粉砂岩。观察中要注意层理与片理的识别。

观察点6 温泉观察点

注意温泉出露的地质部位，了解温泉的水温、流量和成分等特征。

四、实习要求

每位同学在野外要认真观察记录，并适当绘些示意图和采集标本。回校后，按下列内容

进行小结，于三天内上交。

1. 实习目的、时间、地点及观测路线；
2. 对观察内容简要地进行归纳；
3. 实习心得体会。

附录4　鹰潭龙虎山地区课间野外实习

一、目的要求

1. 观察丹霞地貌的形态及成因类型，上白垩统河口组地层剖面、岩性特征；
2. 使用地质罗盘野外测量产状。

二、实习地点(路线)

龙虎山庄(入口)→象鼻山→仙丹盒→牵龙洞→天作高山→雄狮回眸→神龟翘首。

三、实习内容

观察点1　象鼻山：崩塌残留造型丹霞地貌。石梁山体有数组节理，当流水将其底部冲刷成洞时，洞上方受倾斜节理的控制，因下部缺少支撑而发生崩塌成洞，石梁前端留下沿垂直节理残留的石柱，顶部侵蚀风化成浑圆状，形成象身，前端残留石柱风化剥蚀呈曲状，如象鼻山。

观察点2　神龟翘首：石峰与崩塌残峰组合型丹霞地貌。在原有石梁上发育多组节理，经水流长期冲刷切割，沿节理面侵蚀，崩塌，形成两个紧挨的顶部浑圆的石峰，两侧一个被河水冲刷崩塌形成残峰，形似引颈翘首的龟头，长侧石峰则似龟身，组合成“神龟翘首”造型地貌。在206国道上远眺又似相依情侣，又称僧尼峰。

观察点3　仙丹盒：石墙型丹霞地貌。水流冲刷堆积型成因。山体发育两组垂直构造节理面，在重力作用下，沿横向的节理发生强烈崩塌作用，后经冲刷侵蚀下切和地面抬升，形成墙状山体，山腰上明显可见差异风化形成的水平洞穴，造成上部大，下部软弱岩层略缩进的长方形盒子。传说是人们把它想象成张天师存放仙丹的地方，故名仙丹盒。

观察点4　牵龙洞：崩塌洞穴型丹霞地貌。两条断裂交汇处岩石碎裂，地表水沿交汇处下渗，并沿其中一长断裂面，冲刷下切，岩层中含有一钙泥质砂软弱岩层，使得水流的侧侵作用更强，形成层状洞穴，随着下部承载体的慢慢流失，上部的岩层在重力作用下，发生崩塌，水流一方面将底部破碎岩块和砂石冲走，另一方面含钙岩层与地下水发生反应，物质呈离子态流失。最后形成巨大的崩塌洞穴。成因类型为崩塌堆积型。

观察点5　天作高山：原始地面抬升，流水沿着两组裂隙冲刷侵蚀下切，形成典型的石塞状丹霞地貌。三面均为陡壁，一面受断层切割而成嶂谷(一线天)，海拔较高，山顶成长方形，宽而平缓，平台面积较大。成因类型为水流冲刷侵蚀型。

观察点6　雄狮回眸：崩塌残余型丹霞地貌。为一石梁，其顶部造型酷似一蹲伏回首的雄狮，形象生动逼真。

四、实习要求

每位同学在野外要认真观察记录，并适当绘些示意图和采集标本。回校后，按下列内容进行小结，于三天内上交。

1. 实习目的、时间、地点及观测路线；

2. 河口组地层碎屑物成分、粒度、磨圆度、分选性及其变化规律、胶结物性质及其变化，测量地层产状及厚度；

3. 丹霞地貌类型及特征；

4. 实习心得体会。

附录5　南昌梅岭地区课间野外实习

一、目的要求

1. 初步掌握岩石、矿物的野外认识与描述；
2. 初步掌握断裂构造的野外观察与描述；
3. 基本掌握地质罗盘仪野外测量产状的方法和步骤；
4. 学会野外地质记录的基本格式和要求；
5. 初步了解野外地质定点方法、地质标本采集要求。

二、实习地点

位于南昌市西郊梅岭地区，离东华理工大学南昌校区约10 km。

三、实习区地质概况

实习区位于南昌市西郊梅岭地区。地貌上为构造剥蚀低山丘陵，呈北东向展布，海拔一般为标高300～500 m，梅岭主峰海拔标高为841.4 m，由于受多期地质构造运动的影响，导致该区地势起伏，沟谷纵横，沟谷切割深度200～500 m。主要由花岗岩、片麻岩组成。

实习区出露的地层主要有前震旦系(Anz)梅岭片麻岩(MP)和昌北千枚岩(CQ)，前者为一套受梅岭富斜花岗体边缘交代混合作用和韧性剪切作用双重强烈改造而成的片麻岩，厚度大于264 m；后者与梅岭片麻岩呈断层接触，岩性比较单一，主要由凝灰质千枚岩、片状绢云千枚岩及千枚状板岩组成，厚度约509 m。实习区外围还分布有上白垩系(K_2)和第三系新余组(Exn)地层，均为河湖相红色碎屑岩建造。

出露的岩浆岩主要为梅岭富斜花岗岩。主要岩性为黑云富斜花岗岩，次为黑云二长花岗岩和黑云斜长花岗岩，以中粒结构为主，局部为细粒结构，片麻状构造较为发育，且其片麻理走向与围岩片麻理走向基本协调一致。岩体与围岩呈侵入交代接触。另外还有少量辉长岩，辉长辉绿(玢)岩出露。

区内断裂甚为发育，以北东、北北东、北西及北北西四组断裂为主，次为北东东和东西断裂。

四、各观察点实习内容

观察点1　江西管理职业学院大门斜对面斜坡处

(1) 野外记录基本格式介绍；

(2) 野外定点方法介绍；

(3) 岩性观察点，注意观察和描述昌北千枚岩(CQ)的基本特征和风化特点。

观察点2　梅岭前进采石场入口处

风化壳观察点，注意观察风化壳剖面的结构。

观察点 3 梅岭前进采石场开采处

(1) 岩石和矿物观察点，注意观察和描述梅岭片麻岩(MP)、糜棱岩化片麻岩等岩石及石英、黄铁矿等矿物；

(2) 构造观察点，注意观察断层、节理构造的野外特征，学会如何判断确定断层、节理的类型；

(3) 掌握利用地质罗盘仪测量产状要素和记录方法；

(4) 地质标本采集要求介绍。

观察点 4 梅岭岩体岩性出露处(任选)

(1) 岩性观察点，注意观察和描述梅岭富斜花岗岩的基本特征；

(2) 根劈作用观察点，注意观察生物作用对岩石的破坏。

五、实习要求

每位同学在野外要认真观察记录、照相，并适当绘些示意图和采集标本。回校后，按下列内容进行小结，于三天内上交。

1. 实习目的、时间、地点及观测路线；
2. 花岗岩、片麻岩的基本特征；
3. 如何使用地质罗盘仪测量产状要素；
4. 实习心得体会。

附录6　地层代号和色谱

宙	界	系		统	代号	色谱	绝对年龄（Ma）
显生宙 PH	新生界 Kz	第四系	Q	全新统	Q_1 或 Q_p	淡黄色	
				更新统	Q_h		
		新近系	N	上新统	N_2	鲜黄色	2
				中新统	N_1		
		古近系	E	渐新统	E	土黄色	22.5
				始新统	E_2		
				古新统	E_1		
	中生界 Mz	白垩系	K	上统	K_2	鲜绿色	65
				下统	K_1		
		侏罗系	J	上统	J_3	天蓝色	137
				中统	J_2		
				下统	J_1		
		三叠系	T	上统	T_3	绛紫色	195
				中统	T_2		
				下统	T_1		
	古生界 Pz	二叠系	P	上统	P_2	淡棕色	230
				下统	P_1		
		石炭系	C	上统	C_3	灰色	280
				中统	C_2		
				下统	C_1		
		泥盆系	D	上统	D_3	咖啡色	350
				中统	D_2		
				下统	D_1		
		志留系	S	上统	S_3	果绿色	400
				中统	S_2		
				下统	S_1		
		奥陶系	O	上统	O_3	蓝绿色	440
				中统	O_2		
				下统	O_1		
		寒武系	∈	上统	$∈_3$	暗绿色	500
				中统	$∈_2$		
				下统	$∈_1$		

续表

宙	界	系			统	代号	色谱	绝对年龄(Ma)
元古宙PT		Pt_3	震旦系	Z			绛棕色	570
								850
		Pt_2					棕红色	1 050
		Pt_1						1 600～1 700
太古宙AR							玫瑰红	2 500

附录 7　常用构造符号

不整合界线

实测地质界线

推测地质界线

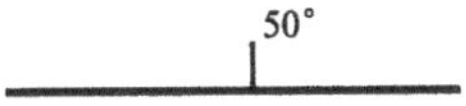

侵入岩接触面产状

岩相分界线

实测断层线

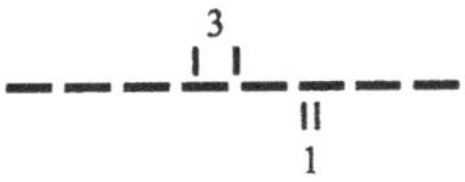

推测断层线

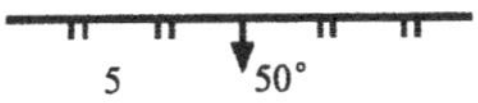

正断层

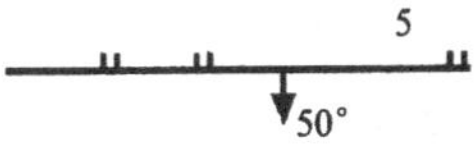

逆断层

平移断层

背斜轴线（轴迹）

向斜轴线（轴迹）

倒转背斜轴线（轴迹）

倒转向斜轴线（轴迹）

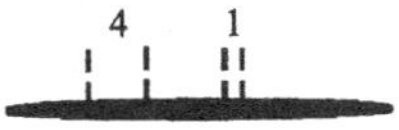

隐伏背斜轴线（轴迹）

隐伏向斜轴线（轴迹）

背斜枢纽的起伏及倾伏

向斜枢纽的起伏及倾伏

剖面线

片理或片麻理倾向及倾角

穹窿构造

构造盆地

飞来峰

构造窗

附录8　常见岩石花纹图例

1. 沉积岩花纹

（1）砾岩

砾岩

砂砾岩

角砾岩

（2）砂岩

粗砂岩

中砂岩

细砂岩

含砾砂岩

石英砂岩

复矿砂岩

杂砂岩

长石砂岩

长石石英砂岩

泥质砂岩

凝灰质砂岩

海绿石砂岩

粉砂岩

复矿粉砂岩

泥质粉砂岩

凝灰质粉砂岩

（3）页岩

泥质页岩（页岩）

钙质页岩

砂质页岩

粉砂质页岩

硅质页岩

炭质页岩

铝土页岩

凝灰质页岩

泥页岩（或粘土岩）

（4）灰岩

石灰岩

结晶灰岩

含泥质灰岩

硅质灰岩

泥灰岩

白云质灰岩

砂质灰岩

生物灰岩

含燧石结核灰岩

鲕状灰岩

竹叶状灰岩

碎屑状灰岩

角砾灰岩

白云岩

泥质白云岩

砂质泥灰岩

（5）其他岩石

铝土岩

硅质岩

磷块岩

煤层及夹层

断层角砾岩

铁矿层

断层泥

2. 岩浆岩花纹

（1）侵入岩

纯橄榄岩

橄榄岩

辉石岩

角闪石岩

蛇纹岩

辉长岩

斜长岩

辉绿岩（玢岩）

闪长岩

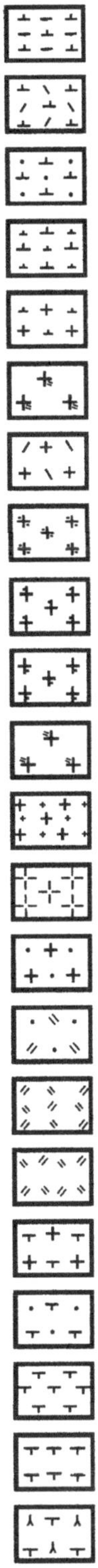

辉石闪长岩
角闪闪长岩
石英闪长岩
闪长玢岩
花岗闪长岩
斜长花岗岩
角闪花岗岩
二云母花岗岩
白云母花岗岩
黑云母花岗岩
碱性花岗岩（钾长花岗岩）
花岗斑岩
白岗岩
石英斑岩
石英二长岩
二长岩
二长斑岩
花岗正长岩
石英正长岩
正长岩
正长斑岩
霞石正长岩

（2）脉岩

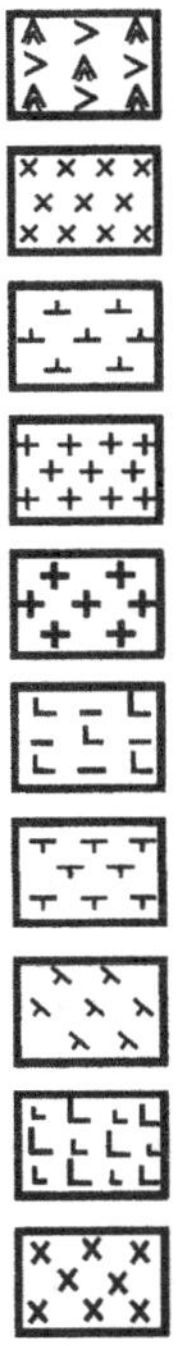

超基性岩（未分）
基性岩（未分）
中性岩脉
细晶岩脉
伟晶岩脉
云煌岩
碱性岩脉
玢岩
煌斑岩脉
辉绿岩

3. 喷出岩花纹

（1）火山碎屑岩

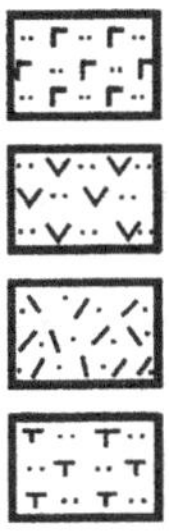

基性喷出岩（以凝灰质为主）
中性喷出岩（以凝灰质为主）
碱性喷出岩（以凝灰质为主）
碱性喷出岩（以凝灰质为主）

（2）熔岩

玄武岩
安山玄武岩
安山岩
安山斑岩
安山玢岩

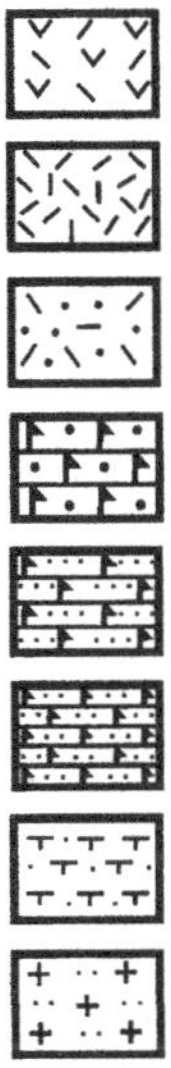

英安岩
流纹岩
流纹斑岩
角斑岩
细碧岩
细碧角斑岩
粗面岩
石英斑岩

4. 变质岩花纹

（1）区域变质岩

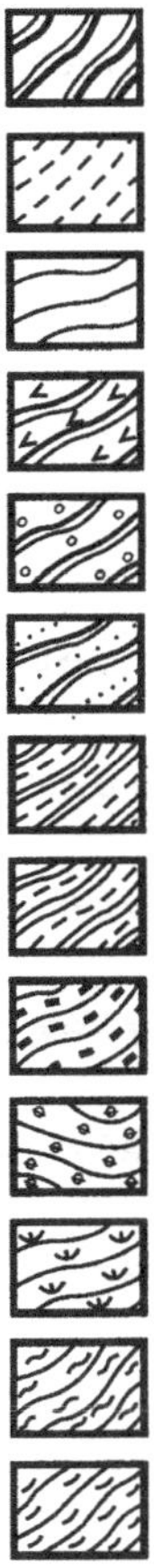

板岩（未分）
千枚岩（未分）
片岩（未分）
矽（硅）质板岩
钙质板岩
砂质板岩
炭质板岩
千枚状板岩
石墨片岩
绿帘石片岩
蛇纹石片岩
绿泥片岩
滑石片岩

 变质砂岩

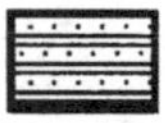 石英岩

 长石石英岩

 角闪岩（未分）

 片麻岩

 正片麻岩

 副片麻岩

 花岗片麻岩

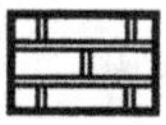 大理岩

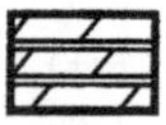 矽（硅）化灰岩

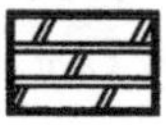 白云大理岩

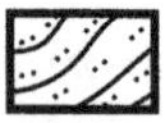 石英片岩

 绢云母石英片岩

（2）混合岩

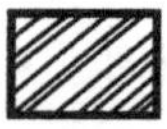 条带状混合岩

 角砾状混合岩

 网状混合岩

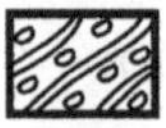 眼球状混合岩

 分支混合岩

 肠状混合岩

（3）岩石构造

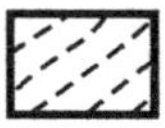 板状、千枚状构造

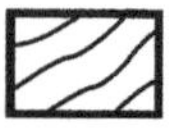 片状构造

 片麻状构造

 混合岩构造

5. 主要岩浆岩代号及色谱

γ	花岗岩（红）
δ	闪长岩（橙红）
ξ	正长岩（橙）
ν	辉长岩（绿）
ψ	辉岩（蓝绿）
σ	橄榄岩（深橄榄色）
λ	流纹岩（朱红）
τ	粗面岩（橙红）
α	安山岩（灰绿）
β	玄武岩（深绿）
$\beta\mu$	辉绿岩细碧岩（浅绿）
$\gamma\pi$	花岗斑岩（大红）

6. 岩浆、矿脉符号及色谱

q	石英脉（紫）
γ	酸性岩脉（红）
ρ	伟晶岩脉（玫瑰红）
δ	中性岩脉（蓝色）
N	基性岩脉（绿）
χ	煌斑岩脉（棕）
ν	辉长岩脉（绿）
Σ	超基性岩脉（紫）
K	碱性岩脉（橙）

附图 1　周家坡地形地质图

比例尺 1:1000

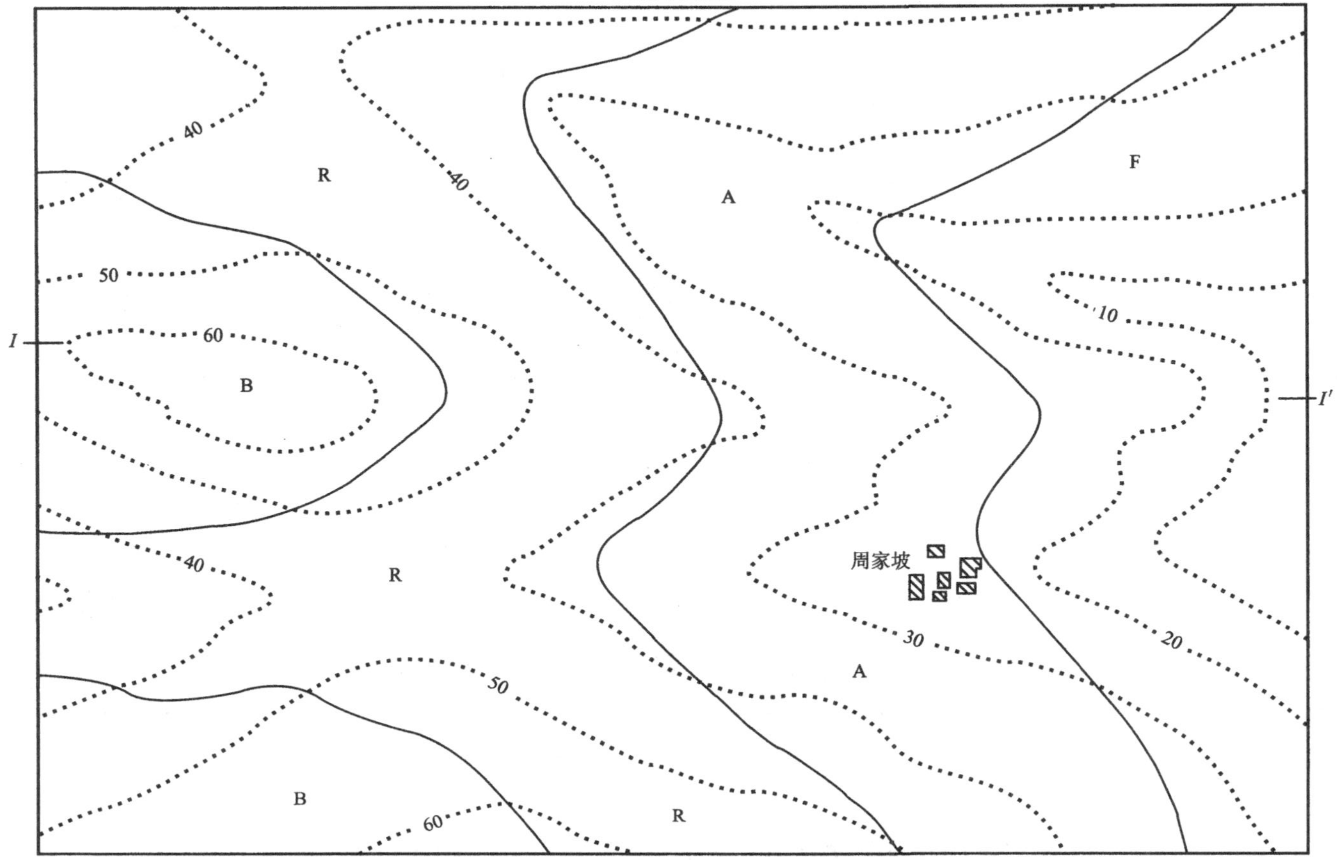

附图 2　嘉阳坡地形地质图

比例尺 1:1000

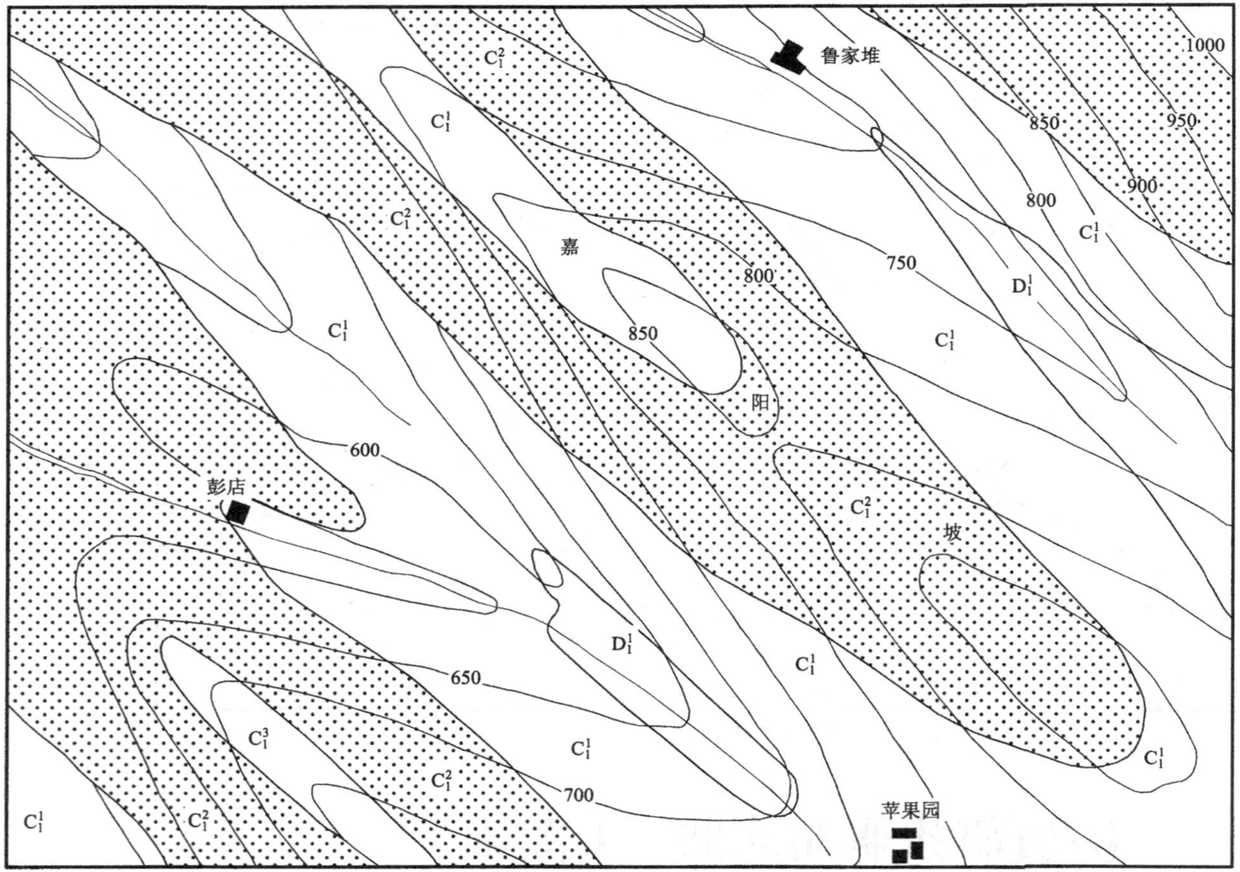

图　例

C_1^3	下石炭统第三阶页岩夹砂岩
C_1^2	下石炭统第二阶细粒砂岩
C_1^1	下石炭统第一阶页岩夹煤层
D_1^1	上石炭统第三阶厚层石灰岩

附图 3 凌河地形地质图

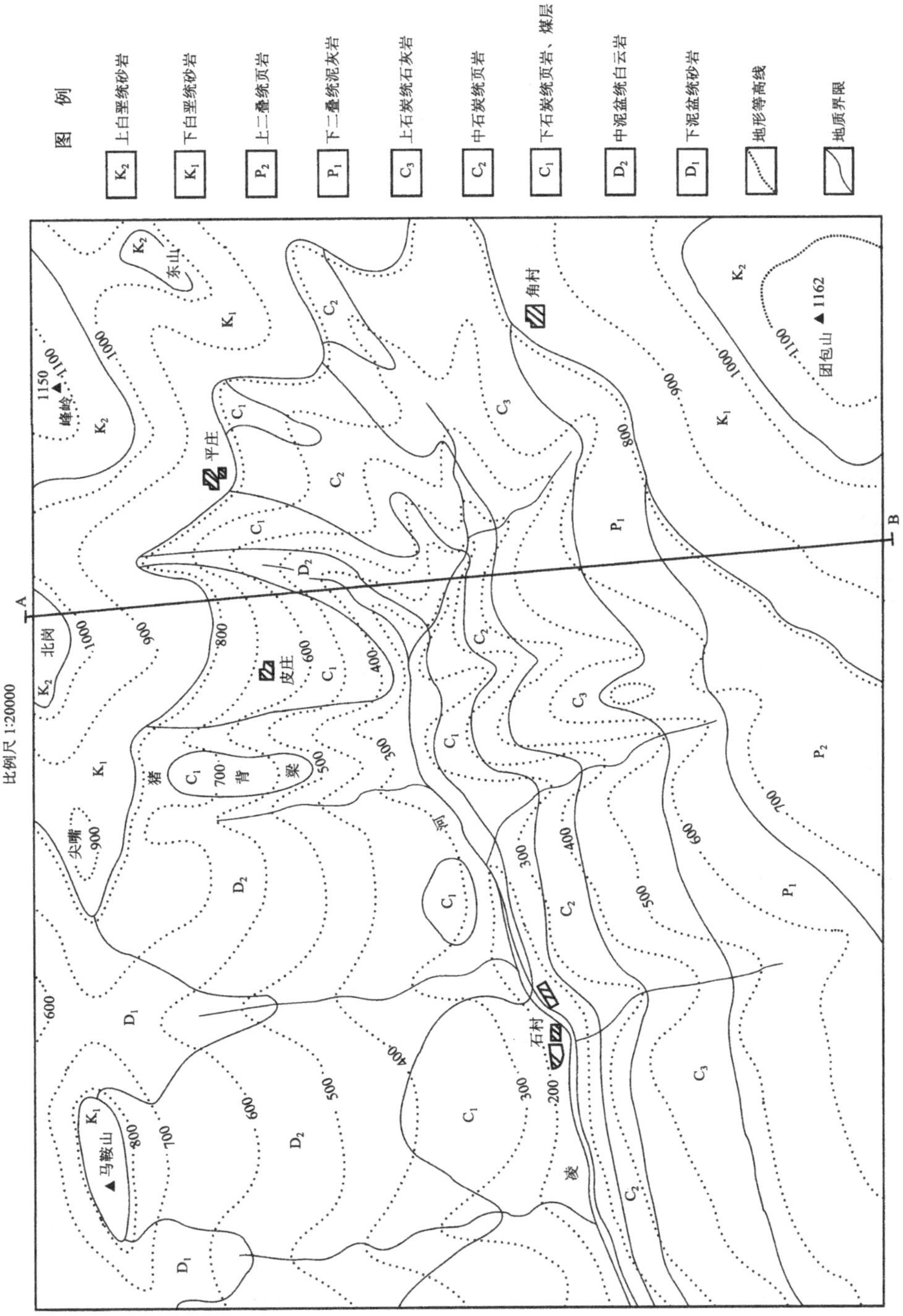
比例尺 1:20000
图 例
K_2 上白垩统砂岩
K_1 下白垩统砂岩
P_2 上二叠统页岩
P_1 下二叠统泥灰岩
C_3 上石炭统石灰岩
C_2 中石炭统页岩
C_1 下石炭统页岩、煤层
D_2 中泥盆统白云岩
D_1 下泥盆统砂岩
地形等高线
地质界限
A
B
峰岭 1150
东山
北岗
尖嘴
马鞍山
平庄
皮庄
角村
石村
团包山 1162
猪 背 梁
凌 河

附图 4 南望山地形地质图

比例尺 1:50000

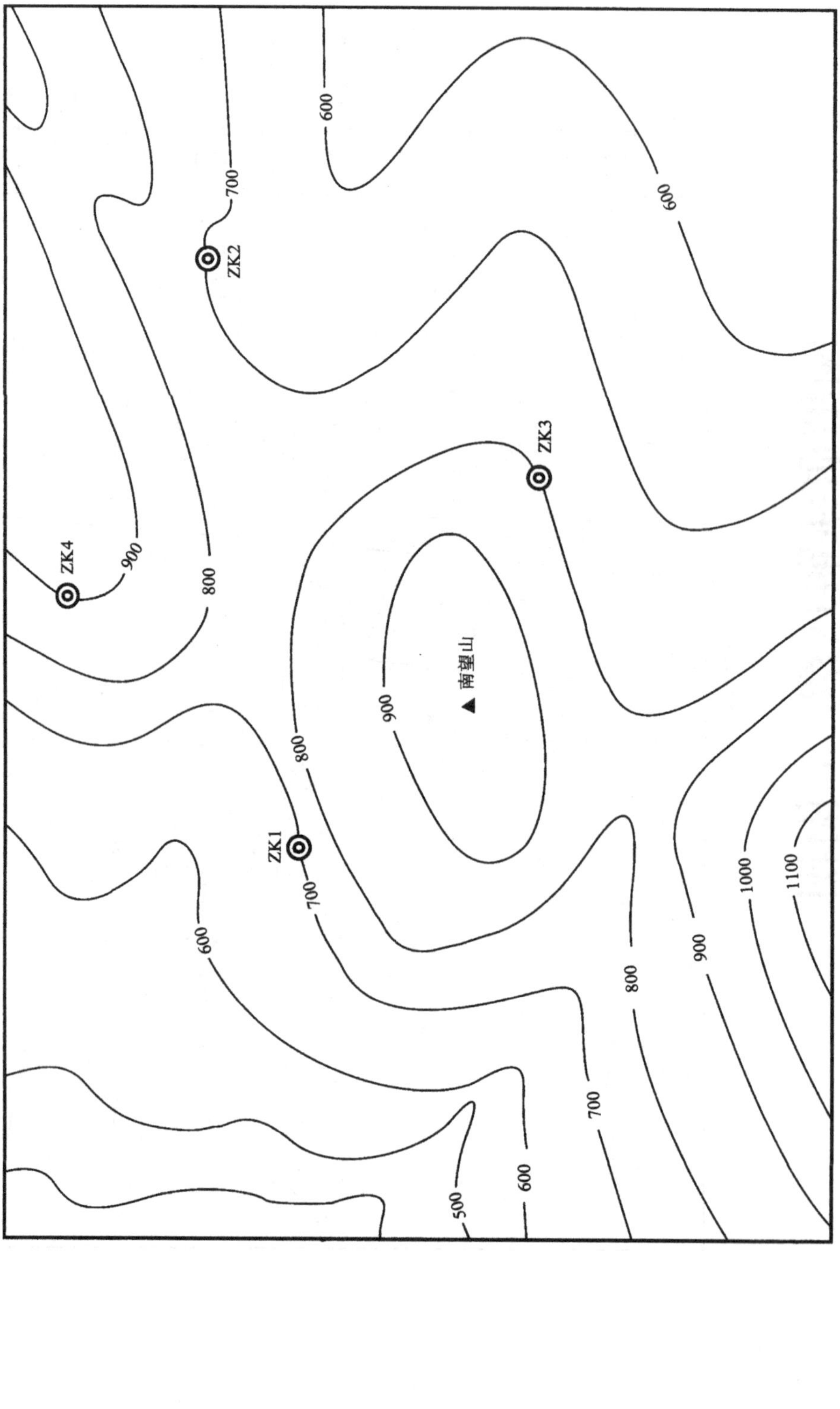

附图 5　暮云岭地形地质图

比例尺 1:25000

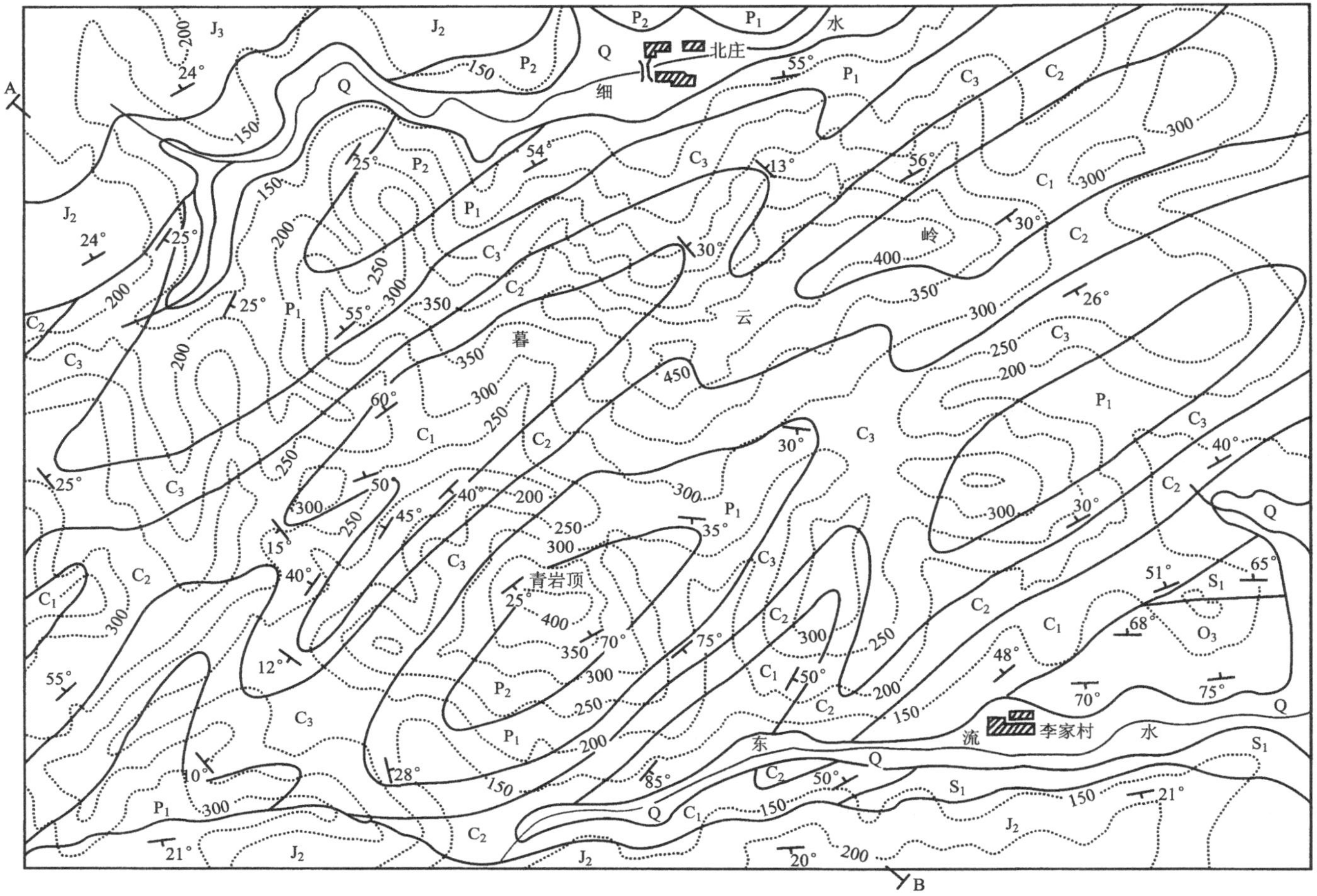

图　例

Q	第四纪砂、砾石
J_3	上侏罗统粉砂岩
J_2	中侏罗统砂岩
P_2	上二叠统硅质页岩
P_1	下二叠统灰岩
C_3	上石炭统砂岩
C_2	中石炭统灰岩
C_1	下石炭统细砂岩 (厚度=250 m)
S_1	下志流统板岩
O_3	上奥陶统灰岩

参考文献

[1] 郭颖和李智陵主编．构造地质学简明教程[M]．武汉：中国地质大学出版社，1995.

[2] 黄定华主编．普通地质学[M]．北京：地质出版社，2004.

[3] 钱建平等编著．基础地质学实习教程[M]．北京：冶金工业出版社，2009.

[4] 舒良树主编．普通地质学[M]．北京：地质出版社，2010.

[5] 宋青春和张振春主编．地质学基础(第四版)[M]．北京：高等教育出版社，2004.

[6] 王根厚，张长厚，余心起，曹秀华编著．综合地质学实习指导书[M]．北京：地质出版社，2010.

[7] 夏邦栋主编．普通地质学[M]．北京：地质出版社，1995.

[8] 朱志澄主编．构造地质学[M]．武汉：中国地质大学出版社，1999.